Axure **RP 8.0**
基础培训教程

狄睿鑫 编著

人民邮电出版社
北京

图书在版编目（ＣＩＰ）数据

Axure RP 8.0基础培训教程 / 狄睿鑫编著. -- 北京：
人民邮电出版社，2020.5（2023.7重印）
ISBN 978-7-115-53459-0

Ⅰ. ①A… Ⅱ. ①狄… Ⅲ. ①网页制作工具—教材
Ⅳ. ①TP393.092.2

中国版本图书馆CIP数据核字(2020)第036819号

内 容 提 要

这是一本全面介绍 Axure RP 8.0 基本功能及实际应用的书，内容包含元件库、母版、交互、中继器、原型分享、创建和管理团队项目、自定义元件库以及自适应视图等。本书主要针对零基础读者编写，是读者快速、全面掌握 Axure 的应备参考书。

本书附带学习资源，内容包括素材文件、实例文件、在线视频和 PPT 课件，读者可通过在线方式获取这些资源，具体方法请参看本书"资源与支持"页。

本书非常适合作为院校艺术专业和培训机构相关课程的教材，也可以作为 Axure 自学人士的参考用书。请读者注意，本书所有内容均是基于中文版 Axure RP 8.0 版本编写的。

♦ 编　　著　狄睿鑫
　　责任编辑　张丹丹
　　责任印制　马振武

♦ 人民邮电出版社出版发行　　北京市丰台区成寿寺路 11 号
　邮编　100164　　电子邮件　315@ptpress.com.cn
　网址　http://www.ptpress.com.cn
　北京九州迅驰传媒文化有限公司印刷

♦ 开本：787×1092　1/16
　印张：14　　　　　　　　　2020 年 5 月第 1 版
　字数：396 千字　　　　　　2023 年 7 月北京第 5 次印刷

定价：45.00 元

读者服务热线：(010)81055410　印装质量热线：(010)81055316
反盗版热线：(010)81055315
广告经营许可证：京东市监广登字 20170147 号

前　言

Axure Software Solutions公司的旗舰产品Axure RP是一款非常优秀的快速原型设计工具，自诞生以来一直受到广大产品经理和设计师的青睐。Axure RP支持Windows和Mac OS，可以快速创建网站或App的线框图、交互原型图、流程图和交互说明书，支持多人协作和版本管理。设计界面原型是产品经理的基本技能之一。通过学习本书内容，读者可以系统、全面地掌握Axure RP 8.0的使用方法。

界面原型概述

界面原型是在项目前期用于直观表达产品设计框架的模型，可以体现产品的设计理念、业务逻辑、功能交互和视觉样式，是产品经理、交互设计师与项目负责人、技术工程师、老板和客户沟通的工具。

直观、可视化是界面原型的最大优势，把口述的需求和文字版需求转化为直观图形，在此基础上进行需求的分析、讨论和评审，保证需求沟通的顺畅和理解的准确，避免由于语言的二义性导致产品最终功能的偏差。

界面原型按照与真实产品的相似程度，可以分为低保真原型和高保真原型。原型的保真程度越高，越能真实模拟产品的交互逻辑和视觉样式。

在项目的初期，产品的创意和想法还都不成熟，需求不确定，一般使用低保真原型，此时过多关注原型的细节会增加很多不必要的成本。随着讨论的深入和需求的不断完善，可以在原型中加入交互效果，修改页面的排版样式（页面效果图可以由专业的UI设计师制作），逐步形成高保真原型。

在进入开发编码阶段之前，高保真原型同样有不可忽视的作用。由于高保真原型和真实产品的相似程度很高，因此可以使用它给客户、投资人演示产品，给用户做易用性测试。因为界面原型的制作成本远低于产品的开发成本，所以在产品成型之前进行上述工作，可以提前发现问题，有效降低产品风险。参与演示和测试的对象一般是非专业人士，所以一般使用高保真原型。

本书特点

本书所有内容均是基于Axure RP 8.0版本编写的，我们对本书的编写体系做了精心的设计，按照"软件功能讲解—课堂案例—课堂练习—课后习题"这一思路进行编排，在全面讲解软件功能和操作技巧之后，又专门设置了案例练习。这种功能讲解与案例练习相结合的模式，不仅可以提升读者的实操能力，而且可以使读者把学到的技能快速应用到实际工作中。

为了让读者学到更多的知识和技术，本书专门设计了很多"提示"，千万不要错过这些"小东西"，它们会给您带来意外的惊喜。本书的版面结构说明如下图所示。

课堂学习目标：提炼每一章需要掌握的重点、难点和技术要点。

提示：对软件的使用技巧进行讲解，对知识点进行补充拓展，对制作步骤进行深入解析。

课堂案例：列举了实用的案例，包含详细的操作步骤和截图注释。通过课堂案例的练习，读者可以掌握Axure RP的操作技能。

课堂练习：课堂案例的延伸和巩固，在课堂讲授之后迅速强化练习，使读者加深对知识的理解，熟悉软件的操作。

课后习题：在实训中复习巩固重要知识点。

本书的参考学时为60学时，其中讲授环节为39学时，实训环节为21学时，各章的参考学时如下表所示。

章	课程内容	学时分配	
		讲授	实训
第1章	初识Axure RP 8.0	2	1
第2章	元件库	9	4
第3章	母版	2	1
第4章	交互	5	3
第5章	中继器进阶	4	2
第6章	原型的分享	2	1
第7章	利用Axshare创建和管理团队项目	2	1
第8章	自定义元件库	2	1
第9章	自适应视图	1	1
第10章	综合案例实训	5	3
第11章	商业案例实训	5	3
学时总计		39	21

编者
2020年1月

资源与支持

本书由数艺社出品，"数艺社"社区平台（www.shuyishe.com）为您提供后续服务。

配套资源

素材文件
实例文件
在线视频
PPT 课件

资源获取请扫码

"数艺社"社区平台，为艺术设计从业者提供专业的教育产品。

与我们联系

我们的联系邮箱是 szys@ptpress.com.cn。如果您对本书有任何疑问或建议，请您发邮件给我们，并请在邮件标题中注明本书书名及ISBN，以便我们更高效地做出反馈。

如果您有兴趣出版图书、录制教学课程，或者参与技术审校等工作，可以发邮件联系我们；有意出版图书的作者也可以到"数艺社"社区平台在线投稿（直接访问 www.shuyishe.com 即可）。如果学校、培训机构或企业想批量购买本书或数艺社出版的其他图书，也可以发邮件联系我们。

如果您在网上发现针对数艺社出品图书的各种形式的盗版行为，包括对图书全部或部分内容的非授权传播，请您将怀疑有侵权行为的链接通过邮件发给我们。您的这一举动是对作者权益的保护，也是我们持续为您提供有价值的内容的动力之源。

关于数艺社

人民邮电出版社有限公司旗下品牌"数艺社"，专注于专业艺术设计类图书出版，为艺术设计从业者提供专业的图书、U书、课程等教育产品。出版领域涉及平面、三维、影视、摄影与后期等数字艺术门类，字体设计、品牌设计、色彩设计等设计理论与应用门类，UI设计、电商设计、新媒体设计、游戏设计、交互设计、原型设计等互联网设计门类，环艺设计手绘、插画设计手绘、工业设计手绘等设计手绘门类。更多服务请访问"数艺社"社区平台www.shuyishe.com。我们将提供及时、准确、专业的学习服务。

第 1 章

初识 Axure RP 8.0

本章主要介绍 Axure RP 8.0 的基础知识，包括软件用途、工作界面、项目文件的操作，以及基础配置。学完本章内容，读者可以对 Axure RP 8.0 有一个基本的认识。

- -

课堂学习目标

- 了解Axure RP 8.0的用途
- 熟悉Axure RP 8.0的工作界面
- 掌握文件的操作
- 掌握Axure RP 8.0的基础配置

1.1 Axure RP 8.0的用途

Axure RP 8.0是一款专业的快速原型设计工具，支持Windows和Mac OS。Axure RP 8.0可以快速创建网站或App的线框图、高保真交互原型图、流程图和需求规格说明文档，支持多人协作和版本管理。

Axure RP 8.0的主要使用人群包括产品经理、交互设计师、UI设计师、需求分析师和用户体验师等，甚至运营人员、市场人员也可以使用Axure RP 8.0制作高保真原型，在线上产品没有稳定版本可用的情况下完成培训和演示等工作。

1.2 Axure RP 8.0的工作界面

正式学习使用Axure RP 8.0设计和制作界面原型之前，先要对手中的工具有一个充分的了解。本节主要介绍Axure RP 8.0的工作界面，为以后的学习打下良好的基础。

本节内容介绍

名称	作用	重要程度
菜单栏	包含各种菜单命令	高
工具栏	包含常用工具和操作按钮	高
页面功能区	用于管理原型中的页面和文件夹	高
元件库功能区	用于管理元件	高
母版功能区	用于管理原型中使用的母版	高
设计区域	用于原型页面的排版	高
检视功能区	用于设置原型页面/元件的属性、样式，添加备注说明	高
概要功能区	显示页面中所有元件的列表	高
账号的注册与登录	用于发布、管理原型，创建团队项目	中

双击桌面上的Axure RP 8.0快捷方式图标，启动软件。Axure RP 8.0的工作界面分为菜单栏、工具栏、页面功能区、元件库功能区、母版功能区、设计区域、检视功能和概要功能区8个部分，如图1-1所示。

图1-1

提示 单击页面功能区、元件库功能区、母版功能区、检视功能区和概要功能区左上角的箭头，可使对应的功能区呈浮动状态，实现功能区的自由移动。再次单击功能区左上角的箭头，可将该功能区停靠在初始位置。

1.2.1 菜单栏

菜单栏位于Axure RP 8.0程序界面的顶部，包括文件、编辑、视图、项目、布局、发布、团队、账户和帮助等菜单，如图1-2所示。

文件(F) 编辑(E) 视图(V) 项目(P) 布局(A) 发布(P) 团队(T) 账户(C) 帮助(H)

图1-2

文件：对Axure RP项目文件进行新建、打开、保存、导入、导出和备份等常规操作。

编辑：对元件进行剪切、复制、粘贴、查找、替换、删除和撤销等操作。

视图：设置工具栏、功能区、遮罩、脚注、位置尺寸信息、草图效果和背景的显示方式。

项目：设置元件/页面默认样式、说明字段、自适应视图、全局变量、对齐方式和DPI等内容。

布局：设置元件的层级关系、对齐方式、分布方式、栅格、辅助线和元件状态等内容。

发布：预览原型、发布至Axshare、生成HTML文件、生成说明文档等。

团队：创建、获取团队项目，管理团队项目，对团队项目进行签入、签出、提交变更、获取变更等操作。

账户：注册/登录Axure账号。

帮助：提供相关的帮助信息。

1.2.2 工具栏

工具栏分为默认工具栏和自定义工具栏。

1.默认工具栏

工具栏中集合了一些常用的操作按钮，默认显示的工具如图1-3所示。单击"更多"按钮可以显示边界点、切割、裁剪、连接点和格式刷工具。

图1-3

新建文件：新建Axure RP项目文件。

保存文件：保存当前项目文件。

打开文件：打开Axure RP项目文件

复制：复制元件或元件中的文本内容。

剪切：剪切元件或元件中的文本内容。

粘贴：粘贴元件或元件中的文本内容。

撤销：撤销上一步执行的操作。

重做：取消上一次的"撤销"操作。

相交选中：默认的选择模式，当拖动鼠标时，只要鼠标指针进入元件范围，松开鼠标即可选中该元件。

包含选中：当拖动鼠标时，鼠标指针划出的范围必须完全包含元件，松开鼠标才能选中该元件。

连接工具：切换至连接模式，用线或箭头连接元件，常用于绘制流程图。

钢笔工具：可以绘制简易的自定义形状。

边界点：用于改变自定义形状的边界。

切割：把一张图片切割成两份或4份。

裁剪：把图片的四周裁剪掉，剩余中间的部分；也可以把图片的中间部分剪切掉，形成镂空效果。

连接点：设置元件在"连接"模式下的连接点的位置。

格式刷 ✐：将元件的样式应用到其他元件上，极大地减少了重复排版的工作。

缩放 100% ▾：按照10%~400%的缩放比例显示设计区域部分。

顶层 ▤：把选中的元件置于图层的最上方。

底层 ▤：把选中的元件置于图层的最下方。

组合 ▤：把若干元件组合使用，可以给组合命名，同时拖动、隐藏、显示组合内的元件，也可以为整个组合添加交互动作，支持组合嵌套。

取消组合 ▤：把组合恢复成单独的元件。

对齐 ▤：设置两个及以上元件的对齐方式，包括左对齐、左右居中、右对齐、顶部对齐、上下居中和底部对齐。

分布 ▥：设置3个及以上元件的分布方式，可以让这些元件在水平方向或垂直方向等间距分布。

锁定 ▤：锁定元件。元件被锁定后，将无法改变其位置和大小，可以防止误操作。

取消锁定 ▤：取消锁定元件。元件被取消锁定后，可以恢复对元件的操作。

开关左侧功能栏 ▤：设置页面、元件库和母版功能区的显示和隐藏。

开关右侧功能栏 ▤：设置检视和概要功能区的显示和隐藏。

预览 ▸：将原型在浏览器中打开。

共享 ⬡：将原型发布到Axshare平台上。

发布 ▤：预览、发布至Axshare、生成HTML文件和生成Word说明书等相关功能的操作集合。

2.自定义工具栏

工具栏显示的内容支持自定义，可以根据工具的使用频率设置工具栏中显示的内容，步骤如下。

（1）在菜单栏中选择"视图>工具栏>自定义工具栏"命令，如图1-4所示。

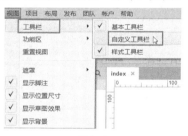

图1-4

（2）在打开的工具栏编辑器中选择要显示的工具，单击"DONE"按钮即可，如图1-5所示。

图1-5

1.2.3 功能区——页面

页面功能区用来管理原型中的所有页面，可以进行添加页面、添加文件夹、改变页面层级、查找页面等操作。单击功能区的标题部分可以隐藏/显示该功能区，如图1-6所示。

①"添加页面"按钮：单击后可以添加所选页面或文件夹的同级页面。

②"添加文件夹"按钮：单击后可以添加与所选页面或文件夹同级的文件夹。

③"查找"按钮：用来搜索页面或文件夹。

图1-6

进行页面管理的方法

添加同级页面：单击图1-6中①处的"添加页面"按钮，也可以在某个页面或文件夹上执行快捷菜单（单击鼠标右键可以弹出快捷菜单）命令"添加>上方添加页面/下方添加页面"。

添加子页面：在某个页面或文件夹上执行快捷菜单命令"添加>子页面"。

添加文件夹：单击图1-6中②处的"添加文件夹"按钮，也可以在某个页面或文件夹上执行快捷菜单命令"添加>文件夹"。需要把页面设置为文件夹的子页面，才能把页面放到文件夹里。

修改页面/文件夹顺序：在某个页面或文件夹上执行快捷菜单命令"移动>上移/下移"，快捷键为Ctrl+↑/Ctrl+↓。

修改页面/文件夹级别：在某个页面或文件夹上执行快捷菜单命令"移动>降级/升级"，快捷键为Ctrl+←/Ctrl+→。

> **提示** 在本地生成HTML文件后，HTML页面的文件名称与页面列表中的文件名称相同。如果只在本地浏览或把原型发布至Axshare平台（Axure RP的官方管理平台），可以直接用中文命名；如果需要把HTML文件发布到其他服务器上，建议采用英文命名。

1.2.4 功能区——元件库

界面原型是由不同的元件组成的，而元件库就是管理这些元件的仓库，如图1-7所示。Axure RP 8.0提供了3种不同类型的元件库，分别是Default元件库、Flow元件库和Icons元件库。直接把元件拖入设计区域即可使用。

图1-7

Default元件库：包含基本元件、表单元件、菜单和表格及标记元件。其中，基本元件、表单元件、菜单和表格组成了页面中的各种元素，标记元件起辅助作用，在界面原型中记录一些注释和说明。

Flow元件库：包含各种流程图元件。通过绘制流程图，可以梳理复杂的业务逻辑。

Icons元件库：包含各种常用的图标，省去了在网上搜集素材的麻烦。需要说明的是，Icons元件库中的图标只是方便用户标记什么地方需要使用图标，在真实的软件界面中一般并不直接使用Axure提供的图标样式，而是要根据界面的整体视觉风格重新设计。

1.2.5 功能区——母版

当原型中有些内容需要重复使用时，可以把重复的内容制作成母版，方便随时调用，也可以给后期的维护工作带来诸多便利。母版功能区也以层级列表的形式显示，支持设置母版的层级、创建文件夹和查找母版功能，如图1-8所示。

图1-8

1.2.6 功能区——设计区域

设计区域是Axure RP 8.0主要的工作区，用于页面的设计和排版等。设计区域中有横向标尺和纵向标尺，最大支持20 000像素×20 000像素的原型页面，可以加入网格和参考线进行辅助设计，如图1-9所示。

图1-9

> **提示** 使用Axure RP 8.0制作的界面原型本质上是HTML页面，需要在浏览器中查看交互效果。由于不同浏览器对页面中HTML、CSS和JavaScript代码的解析规则不同，因此在Axure软件中设计的页面样式与发布后的原型样式可能有所不同，不同浏览器显示的交互效果之间也可能存在差异。

1.2.7 功能区——检视

检视功能区包含元件名称区域、属性面板、说明面板和样式面板，如图1-10所示。

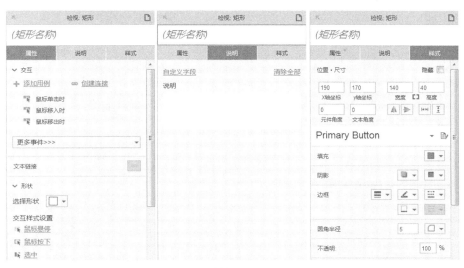

图1-10

元件名称区域：给元件命名，加以区分。每个参与交互的元件都需要命名，方便在众多的元件中定位到它。

属性面板：用来设置页面或元件的交互事件和属性。

说明面板：用来填写页面或元件的说明内容，说明的字段可以自定义。

样式面板：用来设置页面或元件的位置、尺寸、填充颜色、边框、内边距等样式。

1.2.8 功能区——概要

概要功能区显示页面中所有元件的列表，包括元件名称和元件类型。可以筛选列表中显示的元件类型、设置元件列表的排列顺序，默认的排列顺序是列表顶部的元件在原型中也处于顶部，列表底部的元件在原型中也处于底部，可以单击面板右上角的"排序与筛选"按钮修改设置，如图1-11所示。

图1-11

1.2.9 账号的注册与登录

Axure RP账号不是必须具备的，但拥有账号后，可以把原型发布至Axure RP的官方管理平台Axshare，用于管理原型、在线预览、在线讨论、创建和管理团队项目。

1.Axure账号注册

Axure RP使用电子邮箱作为账号，注册账号有以下两种方法。

方法1

在Axure RP 8.0软件中注册，如图1-12所示。

①双击桌面上的Axure RP 8.0快捷方式图标![icon]打开Axure RP 8.0，单击右上角的"登录"按钮。

②打开"登录"对话框，切换至"注册"面板。

③输入邮箱和密码。

④勾选"我同意Axure条款"。

⑤单击"确定"按钮即可完成注册。

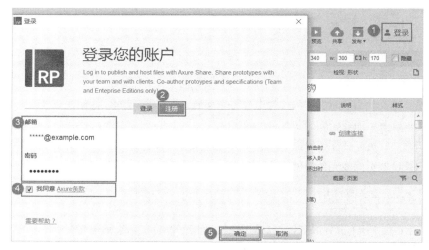

图1-12

方法2

在Axshare官方网站上注册。在浏览器中打开Axshare官方网站，如图1-13所示。

①切换至SIGN UP面板。

②输入邮箱和密码。

③勾选"I agree to the Axure Terms"。

④单击"SIGN UP"按钮即可完成注册。

图1-13

2.Axure账号登录

在Axure RP 8.0中登录账号的方法如图1-14所示。

①双击桌面上的Axure RP 8.0快捷方式图标 ，打开Axure RP 8.0，单击右上角的"登录"按钮。

②在"登录"对话框中输入邮箱和密码。

③单击"确定"按钮，即可登录Axure账号。

图1-14

1.3 文件的操作

每次的工作从新建文件或打开文件开始，到保存文件结束，中间难免会穿插导入、导出等操作，要形成良好的文件操作习惯，需要掌握恰当的文件操作技巧。

本节内容介绍

名称	作用	重要程度
新建文件	用于新建个人项目文件，扩展名为.rp	高
打开文件	用于打开项目文件	高
保存文件	用于保存当前项目文件	高
导入页面	用于将其他项目文件中的页面导入当前项目	中
导出页面为图片	用于把原型页面保存为图片格式	中
自动备份设置	用于自动备份项目文件	中
从备份中恢复	用于从备份中恢复项目文件	中

1.3.1 新建文件

Axure RP的项目文件有两种类型，即个人项目文件和团队项目文件，本小节介绍如何新建个人项目文件。

双击桌面上的Axure RP 8.0快捷方式图标 ，可看到欢迎界面，单击"新建文件"按钮，即可创建个人项目文件，如图1-15所示。

图1-15

如果已经运行了Axure RP，并且进行了一些原型设计工作，需要重新创建一个项目文件，则可在菜单栏中选择"文件>新建"命令（快捷键为Ctrl+N），按照提示保存当前项目，也可以完成操作，如图1-16所示。

图1-16

 个人项目文件的扩展名为.rp，团队项目文件的扩展名为.rpprj，如图1-17所示。

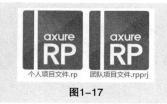

图1-17

1.3.2 打开文件

在欢迎界面中，可以单击"打开文件"按钮，选择要打开的项目文件，也可以单击默认显示的几个最近使用过的文件，直接打开这些文件，如图1-18所示。

图1-18

如果已经运行了Axure，则在菜单栏中选择"文件>打开"命令（快捷键为Ctrl+O），如图1-19所示，选择需要打开的文件。

在Windows文件资源管理器中找到项目文件，直接双击也可以打开，如图1-20所示。

图1-19　　　　　　　　　　　　图1-20

提示　上述打开文件的操作不仅局限于个人项目文件，打开团队项目文件、元件库文件（扩展名为.rplib）也同样适用。

1.3.3 保存文件

在菜单栏中选择"文件>保存"命令（快捷键为Ctrl+S），如图1-21所示，选择保存的位置，即可完成操作。选择"文件>另存为"命令（快捷键为Ctrl+Shift+S），可重新选择项目文件保存的位置。

图1-21

1.3.4 导入页面

可以导入其他RP文件中的页面供当前项目使用，导入页面后，还可以根据当前项目的实际需要进行修改，极大地提升了原型设计的工作效率。

（1）在菜单栏中选择"文件>从RP文件导入"命令，如图1-22所示，选择RP项目文件。

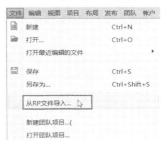

图1-22

（2）打开"导入向导"对话框，选择要导入的页面，如图1-23所示。

①选中全部页面。

②取消选择全部页面。

③选中全部子页面。

④取消选择全部子页面。

图1-23

1.3.5 导出页面为图片

1.导出当前页面为图片

在菜单栏中选择"文件>导出PageName为图片"命令，其中PageName为当前页面的名称，如图1-24所示。选择保存的路径，修改导出为图片后的文件名，即可完成操作。

图1-24

2.导出全部页面为图片

在菜单栏中选择"文件>导出所有页面为图片"命令，设置存储图片的目标文件夹，选择图片格式，单击"确定"按钮，即可完成操作，如图1-25所示。

图1-25

 提示 导出所有页面为图片后，图片的名称为Axure中页面的名称。

1.3.6 自动备份设置

为了防止由于系统崩溃、硬件损坏、停电等意外事故造成原型文件没有及时保存的情况，Axure RP 8.0提供了自动备份功能，可最大限度地减小损失。

（1）在菜单栏中选择"文件>自动备份设置"命令，如图1-26所示，打开"备份设置"对话框。

（2）勾选"启用备份"，并设置备份间隔，默认为15分钟，如图1-27所示。

图1-26   图1-27

1.3.7 从备份中恢复

与自动备份相对应的操作就是从备份中恢复，当出现意外事故导致没有及时保存文件，需要从自动备份的文件中恢复某个文件版本时，可以进行如下操作。

（1）在菜单栏中选择"文件>从备份中恢复"命令，如图1-28所示，打开"从备份中恢复文件"对话框。

（2）根据自动备份时间和文件名选择要恢复到的文件版本，可以设置显示文件的范围，默认为5天，如图1-29所示。

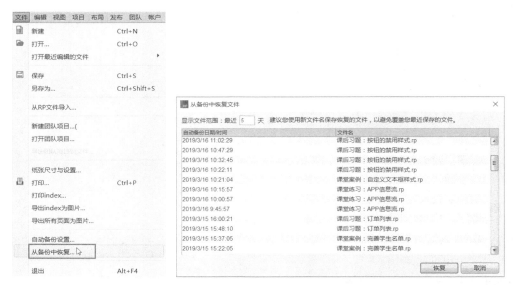

图1-28   图1-29

1.4 Axure RP 8.0的基础配置

在正式设计界面原型之前，先对Axure RP 8.0进行基础配置，可以为后续的工作提供很多便利。

本节内容介绍

名称	作用	重要程度
网格	在排版时起到定位、对齐作用	中
辅助线	在排版时一般用于标记边界、划分区域	中
对齐元件	元件之间可以自动对齐	中
自定义视图	用于设置设计区域中显示的辅助内容	中

1.4.1 网格

网格可以把设计区域平均划分成若干个方格空间，在进行页面排版时起到定位作用，方便度量和排列元件。

1.显示网格和与网格对齐

网格默认是不在设计区域显示的，在菜单栏中选择"**布局>栅格和辅助线>显示网格**"命令，即可显示网格，如图1-30所示。

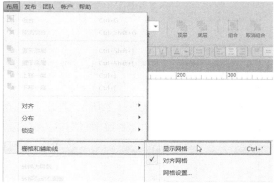

图1-30

网格默认以"交叉点"的形式显示，且元件可以自动对齐到网格，即拖动元件时，元件的顶点会自动与网格的交叉点重合，元件的边会自动与网格边界重合，如图1-31所示。

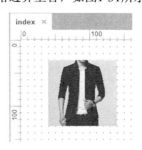

图1-31

在菜单栏中选择"布局>栅格和辅助线>对齐网格"命令，可以设置是否自动对齐到网格，如图1-32所示。

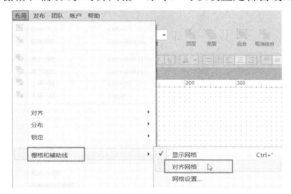

图1-32

2.网格设置

（1）在菜单栏中选择"布局>栅格和辅助线>网格设置"命令，如图1-33所示，打开"网格设置"对话框。

图1-33

（2）在"网格设置"对话框中的"网格"面板中，可以进行如下设置，如图1-34所示。

①设置是否显示网格与元件是否自动对齐到网格。

②设置网格的尺寸，支持手动输入和从下拉列表中选择。

③设置网格的样式为"线"或"交叉点"，以及网格的颜色。

图1-34

1.4.2 辅助线

辅助线也有助于页面排版，如页面边界的标记、页面区域的划分。Axure RP 8.0包含全局辅助线和页面辅助线。全局辅助线存在于全部的页面中，页面辅助线只适用于某一个页面。

1.创建辅助线

创建辅助线的方法有两种。

方法1

（1）在菜单栏中选择"布局>栅格和辅助线>创建辅助线"命令，如图1-35所示，打开"创建辅助线"对话框。

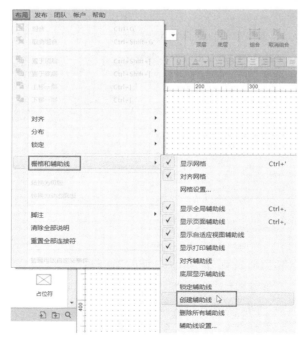

图1-35

（2）设置辅助线的参数，如图1-36所示。

①可以根据需要选择预设辅助线参数。

②列数/行数：创建辅助线后，页面形成的列和行的数量。

③列宽/行高：每列的宽度和每行的高度。

④间距宽度/间距高度：每列之间的宽度和每行之间的高度。

⑤边距：左右两侧和上下两端与边界的距离。

⑥根据需要设置是否勾选"创建为全局辅助线"。

（3）单击"确定"按钮，创建辅助线，如图1-37所示。如不需要水平辅助线，把"行数"设置为0即可。

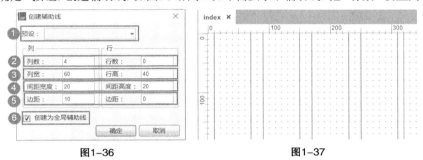

图1-36   图1-37

提示 可以根据需要选择预设的辅助线参数，如图1-38所示，如选择"960 Grid：12 Column"，则预设页面宽度为960像素，共12列。

图1-38

方法2

从页面垂直标尺或水平标尺向设计区域拖动鼠标，用此方法创建的是页面辅助线。拖动已经创建的辅助线可以改变其位置，如图1-39所示。

图1-39

2.显示辅助线和与辅助线对齐

在菜单栏中选择"布局>栅格和辅助线"子菜单中的命令，可以设置显示的辅助线类型和显示方式，如图1-40所示。

显示全局辅助线： 显示在每个页面中都存在的辅助线。

显示页面辅助线：显示只在某一个页面中存在的辅助线。

显示自适应视图辅助线：显示每个自定义视图边界的辅助线。

显示打印辅助线：进行页面打印时，显示打印区域的辅助线。

底层显示辅助线：勾选后，辅助线将显示在元件下方；取消勾选，辅助线将显示在元件上方，如图1-41所示。

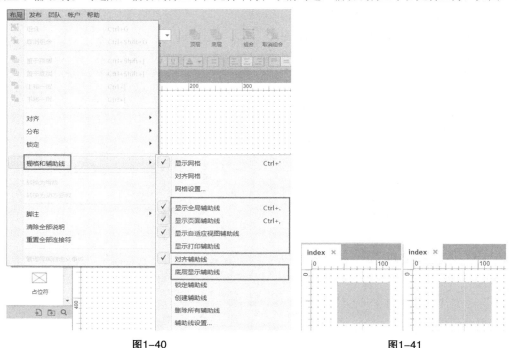

图1-40   图1-41

在设计区域拖动元件时，元件默认会自动与辅助线对齐。在菜单栏中选择"布局>栅格和辅助线>对齐辅助线"命令，可以设置是否自动对齐到辅助线，如图1-42所示。

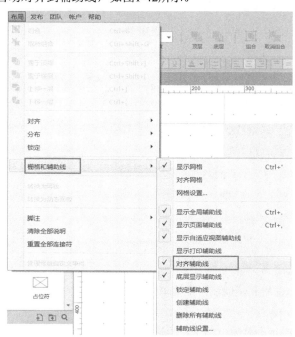

图1-42

3.辅助线设置

（1）在菜单栏中选择"布局>栅格和辅助线>辅助线设置"命令，如图1-43所示，打开"网格设置"对话框。

图1—43

（2）在"网格设置"对话框中的"辅助线"面板中，可以进行如下设置，如图1-44所示。

①设置显示的辅助线类型和显示方式。

②设置辅助线的颜色。

图1—44

4.锁定辅助线

锁定辅助线后，将不能改变辅助线的位置，不能删除辅助线。在菜单栏中选择"布局>栅格和辅助线>锁定辅助线"命令，即可锁定/解锁辅助线，如图1-45所示。

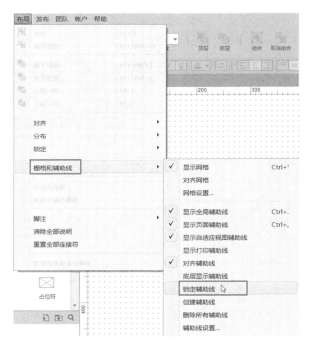

图1-45

5.删除辅助线

取消锁定辅助线后，可以删除辅助线，有两种方法。

方法1

在菜单栏中选择"布局>栅格和辅助线>删除所有辅助线"命令，此操作会删除所有页面中的辅助线，但不包括打印辅助线，如图1-46所示。

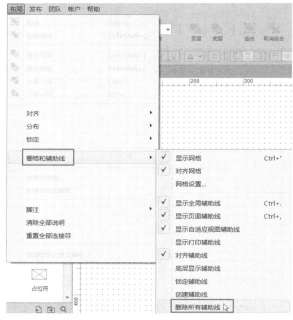

图1-46

方法2

把辅助线拖动至水平标尺或垂直标尺处，即可把该辅助线删除，如图1-47所示。

图1-47

1.4.3 对齐元件

在设计区域中拖动元件，当元件靠近另一个元件时，会在水平或垂直方向自动对齐。

1.开启对齐元件

在菜单栏中选择"布局>栅格和辅助线>对齐元件"命令，可以设置元件之间是否自动对齐，如图1-48所示。

图1-48

2.对齐元件设置

（1）在菜单栏中选择"布局>栅格和辅助线>对齐元件设置"命令，如图1-49所示，打开"网格设置"对话框。

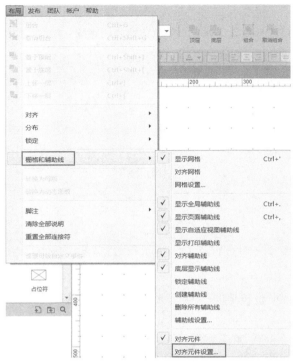

图1-49

（2）在"网格设置"对话框中的"元件对齐"面板中，可以进行如下设置，如图1-50所示。

①设置元件之间是否自动对齐。

②设置两个元件自动对齐时在水平方向或垂直方向间隔的距离。

③设置对齐辅助线颜色。

图1-50

1.4.4 自定义设计区域中的辅助元素

在设计区域中有辅助排版的遮罩、脚注和位置与尺寸信息，以及有关原型显示的草图效果和背景，可以根据需要设置是否显示这些内容。

1.遮罩

在设计区域中，有些页面的组成部分是透明的（如热区），但为了方便设计和排版，这些透明的部分会以半透明颜色的遮罩形式展示，可以根据需要设置是否显示这些遮罩。在菜单栏中选择"视图>遮罩"命令，在下级菜单中可以设置需要显示的遮罩内容，如图1-51所示。热区遮罩的显示与隐藏效果如图1-52所示。

图1-51　　　　　　　　　　图1-52

2.脚注

当给元件设置交互动作、添加说明内容时，该元件的右上角会出现数字脚注，如图1-53所示。

在菜单栏中选择"视图>显示脚注"命令，可以设置是否显示元件的脚注，如图1-54所示。

图1-53　　　　　　　　　　图1-54

3.位置和尺寸信息

当在设计区域中拖动元件、修改元件尺寸时，在元件右侧会显示当前位置的坐标和尺寸数据，如图1-55所示。

在菜单栏中选择"视图>显示位置尺寸"命令，可以设置是否显示元件的位置和尺寸信息，如图1-56所示。

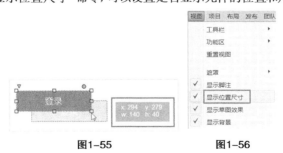

图1-55　　　　　　　　　　图1-56

4.草图效果

在设计区域的空白处单击，在"检视：页面"功能区的样式面板中可以设置页面的草图效果。0为无草图效果，数值越大草图效果越明显，还可以设置页面显示为彩色或黑白效果，如图1-57所示。

在菜单栏中选择"视图>显示草图效果"命令，可以设置是否显示页面的草图效果，如图1-58所示。

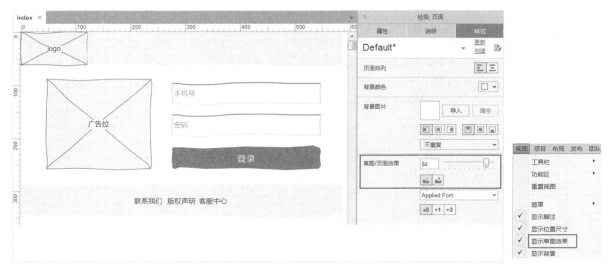

图1-57   图1-58

5.背景

在菜单栏中选择"视图>显示背景"命令,可以设置是否显示页面的背景,如图1-59所示。

图1-59

第**2**章 元件库

本章将介绍 Axure RP 8.0 自带元件库中各种元件的属性及使用方法。元件是组成界面原型的基本元素，是 Axure 学习的核心内容之一，所以读者应认真学习本章内容，为后面的学习打好基础。学完本章内容，读者可以快速创建一套中低保真的界面原型。

课堂学习目标

● 掌握Default元件库中基本元件、表单、菜单、表格、动态面板、中继器、标记元件的属性及应用

● 掌握制作线框图和交互原型的基本方法，逐渐熟悉交互动作的制作思路

● 掌握Flow元件库中流程图元件的属性并利用其绘制流程图

2.1 基本元件

将构成软件、网站、App页面中各种元素的元件称为基本元件，包括各种矩形（图形）、占位符、图片、水平线、垂直线和热区，基本元件是对原型图进行排版的基础。

本节内容介绍

名称	作用	重要程度
矩形类元件	用于页面布局，制作各种图形、按钮、文本	高
占位符	用于暂时代替某些区域的内容	中
图片	用于将外部图片导入原型	高
水平线和垂直线	用于分割页面区域	中
热区	用于灵活设置可单击的区域	中

2.1.1 矩形类元件

矩形、按钮、标题、文本标签和文本段落都属于矩形类元件，为什么这样说呢？把上述元件分别拖入设计区域，在概要功能区中，每个元件后面括号里的类型都是"矩形"，这说明它们有着相同或相似的属性，只是默认显示的样式不同，如图2-1所示。

图2-1

1.矩形和椭圆形

Axure RP 8.0中提供了3种不同默认样式的矩形，分别为矩形1、矩形2和矩形3。其中矩形1为带边框矩形，矩形2和矩形3均无边框，填充颜色的灰度不同。

椭圆形元件自带边框，默认填充颜色为白色。可以通过修改矩形的长宽比和圆角半径来制作椭圆形效果。元件样式的修改在本小节的后半部分有讲解。

2.按钮

Axure RP 8.0中提供了3种不同默认样式的按钮，分别为普通按钮、主要按钮和链接按钮。可以把按钮看作由矩形设置了圆角半径之后变化而来的（链接按钮无边框），默认显示"BUTTON"文本，双击按钮元件可以修改其文本内容。

> **提示** 主要按钮默认填充颜色为蓝色，相对其他元件的默认样式来说属于"高亮色"。在原型中，一般把需要引导用户去单击的按钮设置为醒目的"高亮色"。

3.标题、文本标签和文本段落

Axure RP 8.0中提供了3个级别的标题，分别为一级标题、二级标题和三级标题，它们的区别在于默认文本的字号不同，双击可以修改文本内容。

文本标签和文本段落的区别是，文本标签为单行文本，文本段落为多行文本且可以自动换行，默认字号也不同，双击可以修改文本内容。

可以把标题、文本标签、文本段落看成没有边框和填充颜色，设置了自动适合文本宽度和高度的矩形。

> **提示** 矩形类的元件通常用来做页面的基础布局，通过修改形状、填充颜色和文本内容等样式，用来表现页面的不同区域及其层次和重要程度。

4.矩形类元件样式

选中涉及区域中的某个矩形类元件，在检视功能区的样式面板中可以设置其样式，如图2-2所示。

位置·尺寸：包括 x 轴坐标和 y 轴坐标、宽度和高度、元件角度和文本角度、水平翻转和垂直翻转、自动适合文本宽度和自动适合文本高度。除了在样式面板中修改上述参数外，在设计区域中拖动元件可以直接改变元件的位置；拖动元件四周的定位点可以直接修改元件的尺寸，在按住Shift键的同时拖动鼠标可以锁定比例修改尺寸；双击元件四周的定位点，可以将元件的尺寸修改为自动适合文本宽度/高度。

快速样式：快速修改该元件的样式，与Word中的"快速样式"类似。可以更新已有样式或创建新样式。

填充：可设置为纯色填充或渐变填充。

阴影：可设置外部阴影和内部阴影。

边框：可设置边框的粗细、颜色、线型和可见性。

圆角半径：设置四角的圆角半径。

不透明：设置元件的不透明度，100%为不透明，0%为完全透明。

字体：设置常规的文字样式，如字体、字号、加粗、斜体、下划线、文字颜色和文字阴影等。

行间距：设置元件内文本内容的行间距。

项目符号：设置元件内文本换行时是否显示项目符号。

对齐：设置元件内文本在水平和垂直方向的对齐方式。

填充：设置元件内文本与元件四周各边框的距离。

图2-2

5.快速设置元件样式

界面原型的设计通常由低保真原型向高保真原型过渡，在低保真阶段，原型通常是黑白线框图，如果要把原型完善为高保真原型，那么就要根据UI设计稿，对原型中每个元件的样式都加以修饰，工作量是非常大的。为了解决这一问题，Axure提供了元件样式管理的功能，例如，可以在元件样式管理器中直接修改主要按钮的样式，这样所有的主要按钮样式都会更新。另外，还可以创建新的样式，并快速应用到元件上，同样可以提高原型的可维护性。

方法1

（1）单击菜单中的"项目>元件样式编辑"命令，如图2-3所示，打开元件样式管理器。

（2）在样式管理器中，修改已有样式，如图2-4所示。

①选择左侧的样式名称。

②修改右侧的项目。

图2-3   图2-4

（3）在样式管理器中，创建新样式，如图2-5所示。

①为了不打乱已有样式的顺序，选中最后一个样式，单击+按钮。

②命名新样式。

③设置右侧的项目。

（4）选中需要应用样式的元件，在工具栏下方选择相应的样式，即可成功应用，如图2-6所示。

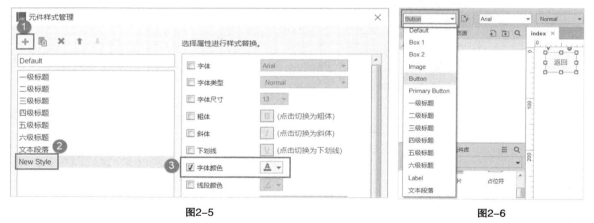

图2-5   图2-6

方法2

（1）在设计区域中设置好样式，在样式面板中单击"更新"按钮，该样式被更新，但已经存在于设计区域中的元件样式不会变更，如图2-7所示。

（2）在设计区域中设置好样式，单击"创建"按钮，如图2-8所示，打开元件样式管理器，命名后单击"保存"，无须再次设置右侧的项目，即可创建新样式。

图2-7   图2-8

（3）选中需要应用样式的元件，在工具栏下方选择相应的样式，即可成功应用。

提示 学过网页开发的读者不难发现，元件样式的快速设置功能与CSS样式有些相似，都可以统一设置、统一维护。如果有一定的"编程思维"，对后续学习高保真可交互动作会有很大的帮助。没有学习过网页开发的读者也不要着急，只要按照本书的教学思路积极思考、努力练习，也一定能学好高保真原型的制作。

6.矩形类元件属性

矩形类元件的属性如图2-9所示。

交互：设置元件交互动作，不同的元件可能有不同的事件，如"鼠标单击时""选中时"等，在制作交互原型时再具体讲解。

文本链接：双击元件选中文本内容时，该属性被激活，可以为元件中的文本添加超链接，而且自动设置了文本在鼠标指针悬停和按下鼠标左键时的样式。

形状：修改元件的形状，有若干种形状备选，也可以转换为自定义形状。

交互样式设置：可以设置鼠标指针悬停时、按下鼠标左键时、被选中和被禁用状态下元件的样式。

引用页面：设置后，该元件的文本内容被修改为引用页面的名称，且单击该元件可以跳转至引用页面。

禁用：勾选后，该元件将无法与用户做任何交互。

选中：勾选后，该元件处于被选中状态，常用于配合其他交互事件使用。

设置选项组名称：当将若干元件设置为一个选项组时，该选项组内的元件在同一时刻只能有一个被选中。

元件提示：用于设置鼠标指针悬停时提示的文字。

图2-9

2.1.2 占位符

真实的软件界面中是不存在占位符这种元件的，但在界面原型中，可以使用占位符来代替暂时不需要进行详细设计的区域，如Logo和广告位等，如图2-10所示。另外，在团队合作项目中，也可以使用占位符来告知和提醒其他团队成员某块区域已经被占用。

图2-10

占位符一般在低保真原型中使用，不能设置圆角半径和边框可见性，其他样式和属性与矩形相同，此处不再赘述。

2.1.3 图片

通过图片元件 ▤ 可以把外部图片导入原型项目，使界面原型看起来更加美观、正式，一般在高保真原型中使用得较多。

1.导入图片

向设计区域中拖入图片元件，双击该元件可以导入外部图片，也可在右侧的属性面板中单击"导入"按钮，如图2-11所示。若导入的图片过大，会询问是否进行优化。若单击"是"，Axure会适当压缩图片；若单击"否"，则以原图大小导入，如图2-12所示。

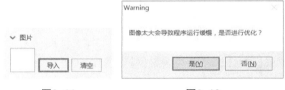

图2-11　　　　　　　　　　图2-12

2.转换为图片

如果原型中本应该是图片的区域（如Logo）使用了占位符或其他元件代替，可以在元件上执行快捷菜单命令"转换为图片"，再使用上面讲到的方法导入图片，这种操作可以保持之前元件的尺寸和位置，避免了很多麻烦，如图2-13所示。

图2-13

3.调整图片大小

拖动图片四周的定位点，可以改变图片大小，在按住Shift键的同时拖动可以锁定比例进行缩放，双击任何一个定位点可以恢复至原来的大小，如图2-14所示。

在按住Shfit键的同时拖曳可按比例缩放

图2-14

4.切割图片

（1）选中图片，在样式面板中单击"切割"按钮 ✎，如图2-15所示。

（2）进行图片切割，如图2-16所示。

①选择切割方式：＋为水平和垂直切割，－为水平切割，｜为垂直切割。

②在图片中想要切割的位置单击鼠标。

图2-15 图2-16

5.裁剪图片

选中图片，在样式面板中单击"裁剪"按钮，如图2-17所示，也可以在工具栏中单击"更多>裁剪"，拖动图像内部的定位点来设置要裁剪的区域。

图2-17

（1）单击设计区域右上角的"裁剪"按钮，图片会保留所选的区域，如图2-18所示。

（2）单击设计区域右上角的"剪切"按钮，图片会保留所选区域以外的部分，如图2-19所示。

图2-18 图2-19

（3）单击设计区域右上角的"复制"按钮，可以复制所选区域至剪贴板中，按快捷键Ctrl+V，会在设计区域中粘贴并显示刚刚选择的区域，如图2-20所示。

图2-20

2.1.4 水平线和垂直线

水平线和垂直线可以用来分割页面的区域，也可以制作不同类型的箭头。虽然在原型中应用得不多，但也可以通过改变线段的粗细和颜色，制作出具备质感的效果，如图2-21所示。

图2-21

（1）向设计区域中拖入一个水平线元件。

（2）修改线宽为最大的，如图2-22所示。

（3）设置右侧箭头，如图2-23所示。

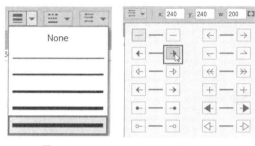

图2-22　　　　　　图2-23

（4）设置线段颜色，如图2-24所示。

①选择填充类型为"渐变"。

②单击第一个滑块，设置颜色为#FFFF00。

③在第一个滑块的右侧单击鼠标，增加一个滑块，设置颜色为#FE4610，并拖动至中间位置。

④单击最右侧的滑块，设置第3种颜色为#FF0000。

⑤设置渐变角度为0°。

（5）完成，按F5键在浏览器中预览效果，如图2-25所示。

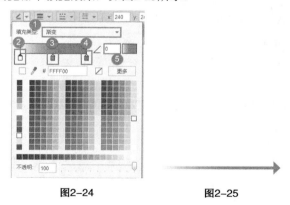

图2-24　　　　　　图2-25

2.1.5 热区

热区在设计区域中是一个浅绿色的遮罩层，在浏览器中预览效果时是透明、不可见的，在使用时不会对原型的美观性造成影响，一般置于顶层。

应用场景1：扩大按钮的可单击区域

例如，移动App界面中某些图标按钮的视觉范围是比较小的，如果直接给这些图标按钮设置单击效果，可单击区域过小，单击成功率较低。可以在图标按钮上覆盖一个热区，热区的尺寸比原图标稍大一些，然后给热区设置单击效果，这样图标按钮周围一定范围内的区域都可以单击，从细微之处提升了用户体验，如图2-26所示。

图2-26

应用场景2：设置部分区域可交互

如果只想给一张大图的部分区域添加单击效果，可以把热区覆盖到图片上，调整尺寸至需要单击效果的范围，然后给热区设置单击效果即可，如图2-27所示。

图2-27

2.1.6 课堂案例：设置文字在鼠标指针悬停时的样式

素材位置	无
实例位置	实例文件>CH02>课堂案例：设置文字在鼠标指针悬停时的样式.rp
视频名称	课堂案例：设置文字在鼠标指针悬停时的样式.mp4
学习目标	掌握元件交互样式的设置方法

实现效果：鼠标指针悬停在文字上，该文字变成红色，参考色值为#FF0000，如图2-28所示。

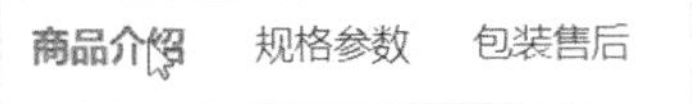

商品介绍　规格参数　包装售后

图2-28

① 向设计区域中拖入3个文本标签，文字分别修改为"商品介绍""规格参数"和"包装售后"。

② 设置文字在鼠标指针悬停时的交互样式，如图2-29所示。

①选中3个文本标签，单击"鼠标悬停"按钮，打开交互样式设置管理器。

②勾选"粗体"复选框。

③勾选"字体颜色"复选框。

④设置"字体颜色"为#FF0000。

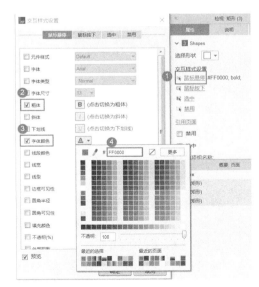

图2-29

03 完成，按F5键在浏览器中预览效果，如图2-30所示。

商品介绍　　规格参数　　包装售后

图2-30

思考

能否结合2.1.1小节中介绍的快速设置元件样式的方法来制作呢？

2.2 表单元件

几乎所有的软件产品都有两方面的功能，一是向用户展示数据，二是接收用户输入的数据。表单元件就是用来接收用户输入的数据的元件，是软件界面的重要组成部分。当然，在界面原型中，是不会和用户有直接的数据接收、传输和存储等交互的，但掌握表单元件的使用，有助于制作高保真交互效果，更好地表达产品的逻辑思维。

本节内容介绍

名称	作用	重要程度
文本框和多行文本框	用于自主输入数据	高
下拉列表框和单选按钮	用于单项选择	高
列表框和复选框	用于多项选择	高
提交按钮	用于制作数据按钮，简化原型设置内容	低

2.2.1 文本框和多行文本框

文本框是一种允许用户自主输入数据的表单元件，在浏览器预览状态下，在文本框中单击鼠标会出现插入点光标，可以直接输入文本信息。

1.文本框属性

类型：文本框中允许输入的数据不仅仅是纯文本，还有密码、邮箱、数字、电话号码、URL、查找、文件、日期、月份和时间类型，如图2-31所示。

图2-31

以下为各种文本框类型的说明，其中的交互效果均需要在浏览器中预览。

Text（文本）：默认的文本框类型，可以输入中文、英文、数字和特殊字符等，支持复制、粘贴操作。

密码：文本框中的内容以密文显示，不支持直接输入中文，但可以把剪贴板中的中文粘贴进去。

邮箱：输入的数据必须符合邮箱规范，如"***@example.com"，若不符合要求，则鼠标指针悬停时会有文字提示。

Number（数字）：只能输入数字，支持鼠标单击增减数字。

Phone Number（电话号码）：在计算机的浏览器上输入数据时和文本类型相同，若在移动设备上预览原型，获取焦点时会自动调用移动设备的数字键盘。

Url：输入的数据需要加入传输协议前缀，如"http://"和"https://"等，如不符合规范，鼠标指针悬停时会有文字提示。

查找：输入数据时和文本类型相同，但增加了一键清除功能。

文件：文件选择控件，可以选择本地文件，并将文件名显示到页面上，如图2-32所示。

图2-32

在使用文件选择控件时不会真的有数据交互，只是模拟了选择本地文件的操作过程，使视觉体验更加真实。

日期：日期选择控件，可以选择年份、月份和日期，如图2-33所示。

Month（月份）：月份选择控件，只能选择年份和月份，如图2-34所示。

Time（时间）：时间选择控件，可以选择时和分，支持手工录入（会自动判断合法性）、鼠标单击增减，也可以一键清除，如图2-35所示。

图2-33　　　　　　**图2-34**　　　　　　**图2-35**

提示 不同的浏览器对以上11种文本框类型的支持程度是不一样的，在浏览器中的效果也不尽相同，推荐大家使用Chrome浏览器。

文本框的其他属性使用频率也很高，如图2-36所示。

图2-36

提示文字：用于设置文本框内显示的提示文字，可以修改文字的样式。默认为在文本框中输入内容时提示文字隐藏，也可以设置成当文本框获取焦点时提示文字立刻隐藏，如图2-37所示。

图2-37

最大长度：用于设置允许文本框输入的最大字符长度，当达到长度限制时无法继续输入。

隐藏边框：勾选后文本框将隐藏边框，经常在自定义文本框样式时使用。

只读：勾选后不能再编辑文本框，但可以复制文本框中的内容。

禁用：勾选后文本框将无法与用户做任何交互，不可以编辑，也不可以复制文本框中的内容。

提交按钮：在焦点所在的文本框上按Enter键时，会调用所设置的按钮的"鼠标单击时"事件，也就是说用按Enter键来替代单击提交按钮，常用于表单提交。

元件提示：用于设置鼠标指针悬停时提示的文字，如图2-38所示。

图2-38

2.文本框样式

只能直接设置文本框的位置、尺寸、填充颜色、字体、文字颜色、字号和文本对齐方式等内容，如图2-39所示。

图2-39

3.多行文本框

多行文本框只能输入纯文本内容（包括中文、英文、数字、特殊字符等），不能设置多行文本框的类型，其他属性和样式与文本框相同，此处不再赘述。

2.2.2 下拉列表框

下拉列表框默认显示一个数据（或空数据），单击下拉箭头，会显示若干列表项，但每次只能选择一个。

向设计区域中拖入下拉列表框，双击可以打开"编辑列表选项"对话框，如图2-40所示。

①添加一个列表项。

②上移、下移列表项。

③清除选中的列表项。

④清除所有列表项。

⑤一次添加若干列表项，每行一个。

⑥勾选后该项为默认值。若列表项中没有任何一项被勾选，则默认选中第一项。

图2-40

列表项编辑完成后，单击"确定"按钮，可以在属性面板中查看列表项的全部内容，也可以单击其中的"列表项"按钮进行编辑，如图2-41所示。

图2-41

2.2.3 列表框

列表框可以显示全部的列表项数据，可以选择其中的一项或多项。

向设计区域中拖入列表框，双击打开"编辑列表选项"对话框，操作方法与下拉列表框相同。勾选对话框下方的"允许选中多个选项"，在浏览器中可以同时选中多个列表项，如图2-42所示。

图2-42

选中多个列表项的方法有多种。

方法1

在按住Ctrl键的同时单击每一个需要选择的列表项，单击的列表项会被选中。

方法2

在按住Shift键的同时单击需要选择的连续列表项的首、尾项，首、尾项之间的列表项（含首、尾项）会同时被选中。

方法3

直接按住鼠标左键拖动鼠标指针经过每一个需要选择的列表项，鼠标指针经过的列表项会被选中。

2.2.4 复选框

复选框是一种选择类元件，支持多选，在浏览器中被选中后支持取消选中。复选框的文本标签一般使用肯定的文字，如"我同意条款内容"，尽量不要使用否定语句，如"我不需要订阅这些内容"。

复选框需要掌握的属性包括选中和对齐按钮，如图2-43所示。

图2-43

选中：向设计区域中拖入复选框，勾选属性面板中的"选中"选项，则该复选框的默认状态被设置为被选中；取消勾选"选中"选项，则默认状态为未被选中。在设计区域中直接单击复选框，也可以切换默认状态。

对齐按钮：默认为"左"，复选框位于文本内容的左侧；若选择"右"，则复选框位于文本内容的右侧，如图2-44所示。

图2-44

2.2.5 单选按钮

单选按钮是一种选择类元件，只支持单选，在浏览器中被选中后不支持取消选中，若在实际应用中需要空白选项，可以设置一个"无"选项。

单选按钮需要掌握的属性包括单选按钮组名称、选中和对齐按钮，如图2-45所示。

图2-45

设置单选按钮组名称：只有设置了单选按钮组，才能实现"单选"效果，在同一个按钮组内的单选按钮在同一时刻只能有一个被选中。例如，"男"和"女"在"sex"按钮组里，"已婚"和"未婚"在"marry"按钮组里，此时"男"和"女"只能有一个被选中，"已婚"和"未婚"只能有一个被选中。单选按钮组名称支持中文、英文和数字，可以直接输入新的按钮组名称或选择已有的按钮组名称，如图2-46所示。

图2-46

选中：向设计区域中拖入单选按钮，勾选属性面板中的"选中"选项，则该单选按钮的默认状态被设置为被选中；取消勾选"选中"选项，则默认状态为未被选中。在设计区域中直接单击单选按钮，也可以切换默认状态。因为单选按钮是不能被取消选中的（在浏览器中），所以在实际应用中一般会设置一个默认选项。

对齐按钮：默认为"左"，单选按钮位于文本内容的左侧；若选择"右"，则单选按钮位于文本内容的右侧。

2.2.6 提交按钮

提交按钮与普通的矩形按钮有所不同，提交按钮使用的是浏览器内置的默认样式和交互样式，不能进行自定义设置，可以修改文本内容和文本样式、设置位置和尺寸、设置禁用。提交按钮在Chrome浏览器中的默认样式和按下鼠标左键时的样式如图2-47所示。

图2-47

2.2.7 课堂案例：自定义文本框样式

素材位置	无
实例位置	实例文件>CH02>课堂案例：自定义文本框样式.rp
视频名称	课堂案例：自定义文本框样式.mp4
学习目标	掌握利用矩形元件自定义文本框样式的方法

实现效果：Axure RP 8.0原生文本框的样式的设置很有限，可以利用矩形元件自定义文本框，效果如图2-48所示。

图2-48

01 向设计区域中拖入两个文本框，大小均为296×36，并分别设置提示文字为"请输入用户名"和"请输入密码"，如图2-49所示。

02 向设计区域中拖入两个矩形1，单击工具栏中的"底层"按钮，如图2-50所示。

图2-49　　　　　　　　　　图2-50

03 设置两个矩形的大小均为300×40，位置调整为刚好可以把文本框包裹住即可，如图2-51所示。

04 勾选两个文本框的"隐藏边框"选项，如图2-52所示。

图2-51　　　　　　　　　　图2-52

05 设置两个文本框的边框颜色分别为#FF0000和#CCCCCC。为了原型的美观与完整，可以向设计区域中拖入一个主要按钮，设置其填充颜色为#FF0000，文本为"登录"，如图2-53所示。

图2-53

提示 在本案例中为两个自定义文本框设置了不同的边框颜色，因为在真实的软件产品中，获取焦点状态下和默认状态下的文本框边框颜色一般也是不同的。那么如何动态地根据文本框的状态来改变边框颜色呢？第4章中会讲到事件和动作等交互知识，利用这些知识就可以达到上述效果，让原型更加完善。

2.3 菜单和表格

导航菜单、数据列表是界面原型中常见的元素，Axure提供了树状菜单、水平菜单、垂直菜单和表格元件，可以极大地提高制作原型的效率。

本节内容介绍

名称	作用	重要程度
树状菜单	用于制作层级较多的菜单	中
水平菜单、垂直菜单	一般用于制作网页的导航菜单	中
表格	用于展示数据列表	中

2.3.1 树状菜单

当菜单的数量和层级比较多时（如文件管理器），可以使用树状菜单元件 。

双击节点可以修改文字，单击不同的节点可以设置不同的默认样式与交互样式，单击树状菜单的边框可以设置位置和尺寸，如图2-54所示。

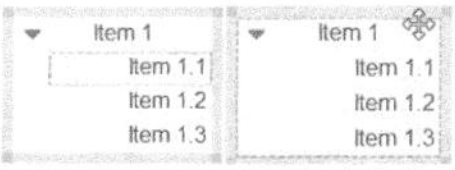

图2-54

1.设置展开/折叠图标

勾选属性面板中的"显示展开/折叠的图标"，选择展开/折叠图标为"＋/－"或"三角形"，也可以导入外部图片，如图2-55所示。

图2-55

2.设置树节点图标

选中某一个节点，勾选属性面板中的"显示树节点图标"，单击"编辑"按钮，在打开的对话框中单击"导入"按钮，导入外部图像，最佳尺寸为16×16，选择应用范围（当前节点，当前节点和同级节点，当前节点、同级节点和全部子节点），如图2-56所示。

图2-56

3.设置交互样式

以鼠标指针悬停时的样式为例，设置的方法如图2-57所示。

①选中某一个节点项，单击属性面板中的"鼠标悬停"按钮，打开交互样式设置对话框。

②勾选"字体颜色"，并设置为#FF0000。

③选择交互样式的应用范围，默认为"选择当前树节点、同级节点和所有子节点"。

图2-57

提示 只选择当前树节点：仅为选中的这一个节点应用此交互样式。

选择当前树节点和同级节点：为选中的树节点以及同级节点应用此交互样式。

选择当前树节点、同级节点和所有子节点：为所有的同级节点和子节点应用此交互样式。

2.3.2 水平菜单和垂直菜单

网页的导航菜单一般位于顶部或左侧，有时可能还会有二级导航或三级导航，Axure提供的水平菜单 和垂直菜单 刚好可以满足这种需求。

1.编辑同级菜单

在某一个菜单项的内部执行快捷菜单命令"后方添加菜单项"/"前方添加菜单项"，可以在该菜单项的旁边添加同级菜单；在某一个菜单项的内部执行快捷菜单命令"删除菜单项"，可以删除该项，如图2-58所示。

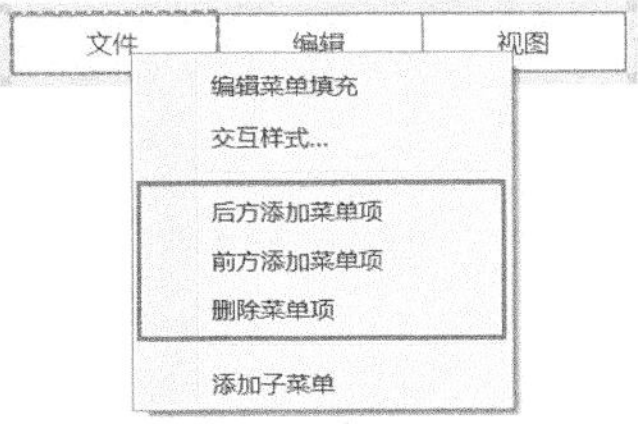

图2-58

2.添加子菜单

在某一个菜单项的内部执行快捷菜单命令"添加子菜单"，如图2-59所示，该菜单项的下部或右侧会新增

3个子菜单。若需要更多的子菜单，可以给子菜单添加同级菜单。

图2-59

3.设置交互样式

水平菜单和垂直菜单交互样式的设置方法与树状菜单基本相同，同样需要注意选择交互样式的应用范围，如图2-60所示。

图2-60

只选择当前菜单项：只有当前所选菜单适用设置的交互样式。

只选择同级菜单：只有所选菜单及其同级菜单适用设置的交互样式。

选择所有菜单和子菜单：所有的同级菜单和子菜单均适用设置的交互样式。

2.3.3 表格

表格￭由多个单元格组成，多应用于后台管理系统中来展示统计数据。

双击单元格可以修改文字，单击不同的单元格内部可以设置不同的默认样式与交互样式，单击表格的边框可以设置表格的位置和尺寸，如图2-61所示。

图2-61

虽然表格多用于展示数据，但没有对数据列表进行动态操作的能力。如果在原型中需要实现新增数据，对数据进行删、改、排序、筛选和分页等效果，需要用到中继器元件，在后续的章节中会做详细的介绍。

2.4 动态面板

动态面板是一种高级元件，它不是界面原型的直接组成部分，但很多高保真交互效果的实现都离不开动态面板，可以毫不夸张地说，学好动态面板的使用，是制作高保真原型的前提和基础。

本节内容介绍

名称	作用	重要程度
动态面板	用于动态展示页面内容、充当容器等	高

2.4.1 课堂案例：轮播图基础

素材位置　素材文件>CH02>2.4.1 课堂案例：轮播图基础
实例位置　实例文件>CH02>课堂案例：轮播图基础.rp
视频名称　课堂案例：轮播图基础.mp4
学习目标　通过制作轮播图，了解动态面板的含义及应用

实现效果：轮播图是网站、移动App中常见的页面元素，当页面加载完成后，自动切换图片，同时可以手动切换至上一张或下一张图片，效果如图2-62所示。

图2-62

01 向设计区域中拖入一个图片元件，调整至合适的位置和尺寸，双击导入图片。在图片上执行快捷菜单命令"转换为动态面板"，将动态面板命名为images，此时动态面板已有了一个状态State1，该状态含一张图片，如图2-63所示。

图2-63

02 4张图片需要有4个状态，为images动态面板增加剩余的3个状态，并添加图片，如图2-64所示。

①双击images动态面板，打开面板状态管理器，选中State1，单击"复制"按钮 3次，复制3次，此时动态面板就有了4个状态，并且每个状态里都有一张图片。

②进入复制出的各个状态，双击图片，导入新图片即可，这种操作方法比较便捷。

图2-64

03 制作每隔3秒钟自动向后轮播的效果，如图2-65所示。

①选中images动态面板，双击属性面板中的"载入时"事件，打开用例编辑器。

②添加"设置面板状态"动作。

③在右侧的"配置动作"区域中勾选"Set images（动态面板）"。

④设置"选择状态"为Next，并勾选"向后循环"，勾选"循环间隔"并设置其数值为3000毫秒"，勾选"首个状态延时3000毫秒后切换"。

⑤设置进入动画为"向左滑动"，同时Axure会自动设置退出动画为"向左滑动"，时间都保持默认的500毫秒即可。

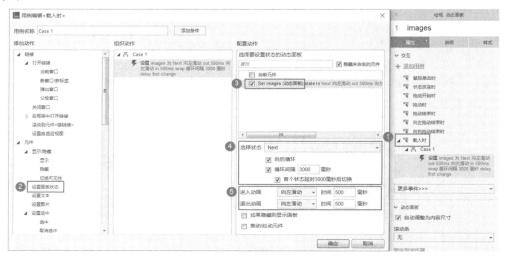

图2-65

04 切换至Icons元件库，向动态面板中拖入分别代表上一张和下一张的左、右箭头图标，调整位置、尺寸和颜色，如图2-66所示。

图2-66

05 制作单击"上一张"按钮时切换至上一张图片的效果，如图2-67所示。

①选中代表"上一张"的左箭头，双击属性面板中的"鼠标单击时"事件，打开用例编辑器。

②添加"设置面板状态"动作。

③在右侧的"配置动作"区域中勾选"Set images（动态面板）"。

④选择状态为Previous，并勾选"向前循环"。因为每单击一次只需要切换一张图片即可，所以无须设置循环间隔。

⑤设置进入动画为"向右滑动"，同时Axure会自动设置退出动画为"向右滑动"，时间都保持默认的500毫秒即可。

图2-67

06 制作单击"下一张"按钮时切换至下一张图片的效果，和步骤5同理，图略。

①选中代表"下一张"的右箭头，双击属性面板中的"鼠标单击时"事件，打开用例编辑器。

②添加"设置面板状态"动作。

③在右侧的"配置动作"区域中勾选"Set images（动态面板）"。

④选择状态为Next，并勾选"向后循环"。因为每单击一次只需要切换一张图片即可，所以无须设置循环间隔。

⑤设置进入动画为"向左滑动"，同时Axure会自动设置退出动画为"向左滑动"，时间都保持默认的500毫秒即可。

07 此时如果在浏览器中预览一下就会发现，刚刚打开时自动轮播的效果很完美，单击"上一张"或"下一张"按钮切换图片也很正常，但单击按钮切换图片之后就不会再继续自动轮播了。这是因为只给images动态面板的"载入时"事件添加了自动轮播的交互动作，单击按钮后，就已经不是"载入时"了，所以不会继续执行自动轮播的动作。

在步骤5和步骤6的动作后面分别重复步骤3的动作，就可以实现单击"上一张"或"下一张"按钮后继续自动轮播的效果了。操作方法是双击"上一张"和"下一张"按钮的鼠标单击时事件的Case 1，继续添加"设置面板状态"动作，配置动作与步骤3相同，设置后的内容如图2-68所示。

图2-68

08 完成，按F5键在浏览器中预览效果，如图2-69所示。

图2-69

2.4.2 元件介绍

动态面板和其他基础元件不同，它不是界面原型的直接组成部分，但很多高保真交互效果的实现都离不开动态面板。

从元件库中的图标看，"动态面板"图标 是由3个矩形组成的有立体效果的图标，可以把这些矩形理解成面板的多个状态。在实际应用中，一般都是在动态面板的各个状态中放置其他元件。

如果要制作与如下交互效果类似的交互效果，那么制作思路就要向动态面板靠拢。

（1）页面的同一个区域显示不同内容，此时这些不同的内容对应的就是动态面板的不同状态。例如上一小节制作的轮播图，需要在一张图片大小的区域内循环展示多张图片，每张图片就是动态面板的一个状态。

（2）页面的部分内容固定到某个位置，不随着页面的滚动而移动，如网页顶部和App导航菜单等。

（3）局部拖动、局部滚动效果。

1.动态面板的创建

方法1

像其他元件一样，可以直接把"动态面板"图标从元件库中拖到设计区域，此时动态面板会默认有一个状态，但该状态里面没有任何其他元件。

方法2

选中设计区域中的某些元件，执行快捷菜单命令"转换为动态面板"，如图2-70所示。此时选中的元件就组成了动态面板状态1中的内容。

图2-70

> **提示** 使用方法2创建动态面板，会默认勾选动态面板的"自动调整为内容尺寸"选项，而使用方法1创建动态面板，不会默认勾选"自动调整为内容尺寸"选项。关于动态面板的此项属性，本小节后半部分会有介绍。

2.动态面板的状态

双击动态面板，进入动态面板状态管理器，如图2-71所示，可以给动态面板命名，增加、删除和复制状态，给状态排序等。

①添加新状态。

②复制当前选中的状态。

③上移当前选中的状态。

④下移当前选中的状态。

⑤编辑当前选中的状态。

⑥编辑全部状态。

⑦删除当前选中的状态。

图2-71

在状态管理器或概要功能区中，单击某个状态，可以修改状态名称；双击某个状态，可以编辑该状态。

在概要功能区中，鼠标指针悬停至动态面板上，显示添加状态图标；鼠标指针悬停至某个状态上，显示复制状态图标，如图2-72所示。

图2-72

3.动态面板属性

很多交互效果都是利用动态面板的特殊属性来制作的，如图2-73所示，这些属性必须烂熟于心才能在实战中快速制作出需要的效果。

图2-73

自动调整为内容尺寸：把动态面板理解为一个容器，如果容器内的元件尺寸过大，超出了初始设置的动态面板尺寸，那么超出的部分是不显示的，勾选"自动调整为内容尺寸"后，动态面板这个容器就会根据内部的元件尺寸自动调整大小。

滚动条：动态面板默认是不显示滚动条的，如果没有勾选"自动调整为内容尺寸"，那么如何显示超出动态面板尺寸的部分？此时可以根据需要选择"自动显示滚动条""自动显示垂直滚动条"或"自动显示水平滚动条"，制作局部滚动效果，如图2-74所示。

图2-74

提示 需要注意的是，滚动条在动态面板内部，也要占宽度或高度。

固定到浏览器：可以在浏览器中悬浮显示，不随页面的滚动而移动。参数包括在浏览器中固定的水平位置和垂直位置，设置在浏览器中始终保持顶层。可以利用动态面板的这个属性制作头部悬浮菜单，或者"返回顶部"按钮等。

100%宽度<仅限浏览器中有效>：勾选该选项后动态面板的宽度会随着浏览器宽度的变化而变化。这个属性的典型应用是和"固定到浏览器"属性配合，制作头部悬浮菜单。

允许触发鼠标交互：如果给动态面板内的元件设置了"鼠标悬停"或"鼠标按下"的交互样式，勾选该选项，当鼠标指针进入动态面板的范围时，将会同时触发这些元件的交互样式。

禁用：勾选后该动态面板的交互动作会被禁用。

选中：勾选后该动态面板中的元件会被选中。

4.动态面板样式

动态面板样式的使用频率不如基本元件高，可能容易被忽略，但有时可以提升制作原型的效率，如图2-75所示。

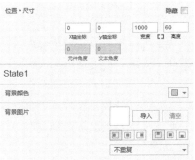

图2-75

位置•尺寸：包括x轴坐标和y轴坐标、宽度和高度。

背景颜色：背景颜色默认是透明的。

背景图片：导入图片，设置图片在水平和垂直方向的对齐方式，设置图片的重复方式。

不重复：图片保持原始大小。

重复图片：若图片尺寸小于动态面板，在水平和垂直方向重复图片。

水平重复：若图片尺寸小于动态面板，只在水平方向重复图片。

垂直重复：若图片尺寸小于动态面板，只在垂直方向重复图片。

填充：图片将按照动态面板的尺寸完全填充。

适应：图片将按照动态面板的尺寸等比例缩放。

2.4.3 课堂案例："返回顶部"悬浮按钮

素材位置　素材文件>CH02>2.4.3课堂案例："返回顶部"悬浮按钮
实例位置　实例文件>CH02>课堂案例："返回顶部"悬浮按钮.rp
视频名称　课堂案例："返回顶部"悬浮按钮.mp4
学习目标　掌握动态面板的"固定到浏览器"属性

实现效果：在较长的网页中，在网页的右下角一般会悬浮着"返回顶部"按钮，单击后页面滚动至顶端，效果如图2-76所示。

图2-76

01　使用提供的素材按照效果图自行排列页面基础内容，注意页面垂直方向的内容要多一些，使页面可以垂直滚动。

02　左上角的"新闻"图片命名为logo。

03　向设计区域中拖入图片元件，双击，导入"TOP.png"，在图片上执行快捷菜单命令"转换为动态面板"，如图2-77所示。

图2-77

04　制作"返回顶部"按钮悬浮在页面上的效果，如图2-78所示。

　　①选中动态面板，单击属性面板中的"固定到浏览器"。

　　②勾选"固定到浏览器窗口"。

　　③选择"右"，设置"边距"为15。

　　④选择"下"，设置"边距"为15。

图2-78

05　制作滚动至页面顶部效果，如图2-79所示。

　　①选中动态面板，双击属性面板中的"鼠标单击时"事件，打开用例编辑器。

②添加"滚动到元件<锚链接>"动作。

③在右侧的配置动作区域中勾选"logo（图片）"。

图2-79

06 完成，按F5键在浏览器中预览效果，如图2-80所示。

图2-80

2.4.4 课堂案例：滚动消息

素材位置	无
实例位置	实例文件>CH02>课堂案例：滚动消息.rp
视频名称	课堂案例：滚动消息.mp4
学习目标	利用动态面板的设置面板状态动作制作滚动效果

实现效果：垂直滚动消息一般作为广告位使用，效果如图2-81所示。

图2-81

01 向设计区域中拖入动态面板元件，在概要功能区中双击"State1"，进入状态1，如图2-82所示。

图2-82

02 在State1中使用矩形元件制作滚动消息的基础内容。设置"热门"标签的填充颜色为#FFCCCC，文字颜色为#FF3300，位置为（5，5），尺寸为40×23，圆角半径为3，消息文本的部分使用矩形2来制作，设置填充颜色为#FFFFFF，文字颜色为#333333，文本对齐方式为"居左"，位置为（55，0），尺寸为300×33，如图2-83所示。

图2-83

> **提示** 效果图中的"热门"标签和消息的文本内容建议都使用矩形而不是文本标签元件来制作，原因请观看配套教学视频。

03 进入动态面板的状态2和状态3，按照步骤2的样式制作其他两条消息的内容，以示区别。

04 选中动态面板，勾选"自动调整为内容尺寸"选项，如图2-84所示。

图2-84

05 制作自动向上滚动消息效果，如图2-85所示。

①选中动态面板，双击属性面板中的"载入时"事件，打开用例编辑器。

②添加"设置面板状态"动作。

③在右侧的"配置动作"区域中勾选"当前元件"。

④设置"选择状态"为Next，并勾选"向后循环"，勾选"循环间隔"并设置其数值为"2000毫秒"，勾选"首个状态延时2000毫秒后切换"。

⑤设置进入动画为"向上滑动"，同时Axure会自动设置退出动画为"向上滑动"，时间都保持默认的500毫秒即可。

图2-85

06 完成，按F5键在浏览器中预览效果，如图2-86所示。

图2-86

2.5 内联框架

内联框架可以嵌套页面或文件，与网页开发中的iframe框架有异曲同工之妙，它可以提升页面的复用性，提高工作效率，降低原型维护的成本。

本节内容介绍

名称	作用	重要程度
内联框架	用于嵌入页面、视频或图片	中

2.5.1 课堂案例：实现菜单跳转效果

素材位置	无
实例位置	实例文件>CH02>课堂案例：实现菜单跳转效果.rp
视频名称	课堂案例：实现菜单跳转效果.mp4
学习目标	了解内联框架的常见应用

实现效果：只利用一组导航菜单，制作单击菜单后跳转至对应页面的效果，如图2-87所示。

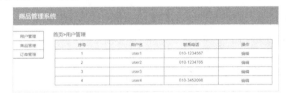

图2-87

01 设置页面的结构为index、user、goods和order，如图2-88所示。

02 在index页面中使用基本元件制作简易的页面头部区域，在user、goods和order页面中分别排列一些内容来加以区别。

03 向设计区域中拖入垂直菜单元件，位置为（0，100），修改3个菜单项的文本分别为"用户管理""商品管理"和"订单管理"。向设计区域中拖入内联框架元件，位置为（115，100），尺寸为800×500，命名为content，如图2-89所示。

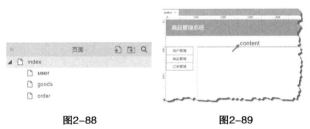

图2-88   图2-89

04 设置content默认显示"用户管理"页面的内容。双击"content"打开链接属性对话框，选择user，如图2-90所示。

05 设置content内联框架的"隐藏边框"选项为被选中状态，如图2-91所示。

图2-90   图2-91

06 为左侧菜单项添加跳转链接，如图2-92所示。

①选中"用户管理"菜单项，双击属性面板中的"鼠标单击时"事件，打开用例编辑器。

②添加"在框架中打开链接"动作。

③在右侧的配置动作区域中选中"内联框架"，勾选"content（内联框架）"。

④选择user页面。

图2-92

07 用同样的方法为其他两个菜单项添加跳转链接。

08 完成，按F5键在浏览器中预览效果，如图2-93所示。

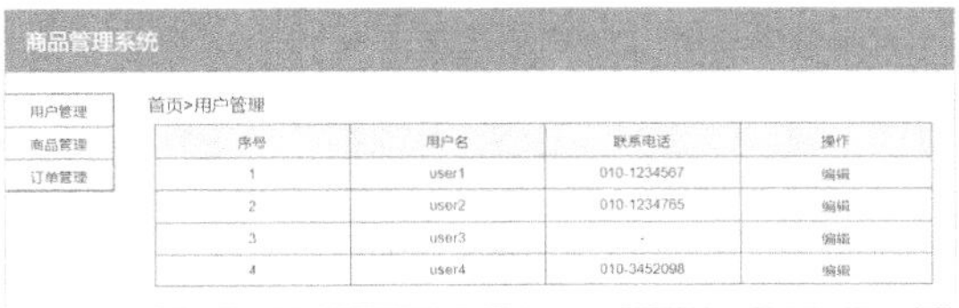

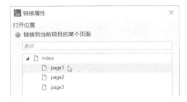

图2-93

2.5.2 元件介绍

内联框架可以在页面的局部区域嵌入当前项目中的页面或外部页面，也可以嵌入视频或图片文件。

1.用内联框架嵌入当前项目的页面

向设计区域中拖入内联框架，双击，打开"链接属性"对话框，此时打开位置默认选中"链接到当前项目的某个页面"，选择要嵌入的目标页面或输入目标页面名称即可，如图2-94所示。

图2-94

2.用内联框架嵌入URL或文件

嵌入在线页面

打开位置选择"连接到url或文件",在超链接文本框中输入外部URL链接即可,如图2-95所示。

图2-95

嵌入本地页面

(1)在菜单栏中选择"发布>生成HTML文件"命令,如图2-96所示,选择目标文件夹位置,单击"生成"按钮。

(2)把要嵌入的本地HTML文件放到生成的HTML文件目录下,如图2-97所示。

(3)选择"链接到url或文件",直接输入本地HTML页面的文件名(含扩展名),如图2-98所示。

图2-96   图2-97   图2-98

(4)在生成的HTML文件目录下打开含有内联框架的页面。

嵌入本地视频/图片

嵌入本地视频/图片的思路与嵌入本地HTML页面相同,步骤如下,图略。

(1)在菜单栏中选择"发布>生成HTML文件",选择目标文件夹位置,单击"生成"按钮。

(2)把要嵌入的视频/图片放到生成的HTML文件目录下。

(3)选中"链接到url或文件",直接输入视频/图片的文件名(含扩展名)。

(4)在生成的HTML文件目录下打开含有内联框架的页面。

3.内联框架属性

内联框架的属性如图2-99所示。

图2-99

框架滚动条:包含自动显示或隐藏、一直显示和从不显示3个选项。

隐藏边框:勾选后内联框架的边框将被隐藏。

预览图片:可以设置内联框架的预览图像为视频、地图效果,也可以导入外部图片。预览图片只会在设计区域中显示,在网页中是没有效果的,其作用是提醒制作者内联框架里是什么类型的内容,如图2-100所示。

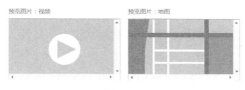

图2-100

2.6 中继器基础

中继器也是一种高级元件，用于存储和显示数据，也可以制作动态的数据列表，实现对列表数据的增、删、改、排序、筛选和分页等高级交互动作，是制作高保真原型必须掌握的工具。本节主要介绍中继器的基础操作。

本节内容介绍

名称	作用	重要程度
中继器	用于存储和显示数据、制作动态的数据列表	高

2.6.1 课堂案例：基础学生名单

素材位置	无
实例位置	实例文件>CH02>课堂案例：基础学生名单.rp
视频名称	课堂案例：基础学生名单.mp4
学习目标	通过制作基础的数据列表，了解中继器元件的用法

实现效果：利用中继器制作基础的学生名单，如图2-101所示。

1	小明	高一（1）班
2	小红	高一（2）班
3	小风	高一（3）班

图2-101

01 向设计区域中拖入中继器元件，命名为student，在属性面板中编辑中继器数据集，如图2-102所示。
①设置3个字段名称——"id""name"和"class"，含义分别是学号、学生姓名和所在班级。
②添加数据。

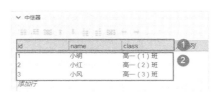

图2-102

02 双击中继器，设计中继器的"项"。删除默认的矩形，向设计区域中拖入3个矩形1，调整矩形的尺寸和位置，3个矩形分别命名为id、name和class，元件的名称和数据集字段的名称可以是相同的，方便下一步绑定数据，如图2-103所示。

图2-103

03 把数据集中的学生数据绑定到"项"上显示出来，如图2-104和图2-105所示。

①双击属性面板中的"每项加载时"事件，打开用例编辑器。

②添加"设置文本"动作。

③在右侧的配置动作区域中勾选"id（矩形）"。

④设置文本类型为"值"，单击 fx 按钮，打开"编辑文本"对话框。

⑤单击"插入变量或函数"按钮，选择"中继器/数据集"类下的Item.id，单击"确定"按钮。

⑥用同样的方法依次为name和class设置文本。

图2-104

图2-105

04 完成，按F5键在浏览器中预览效果，如图2-106所示。

1	小明	高一（1）班
2	小红	高一（2）班
3	小风	高一（3）班

图2-106

2.6.2 元件介绍

中继器一般用来制作各种形态的数据列表，数据列表的每条数据有相同的字段。例如，学生名单中每条数据都有姓名、班级和照片等字段。中继器的作用就是存储这些数据，它由"项"和数据集组成。

用中继器制作数据列表相较于使用表格制作的优势在于，中继器只需要对一条数据的显示部分进行排版，其他数据会自动按照这条数据的样式重复显示，减少页面排版的工作量。并且中继器可以实现新增数据，对数据进行删、改、排序和筛选等效果。随着项目的推进，如果需要逐渐提高原型的保真度，那么笔者建议在制作低保真原型时，在原始需求已经确定的情况下就直接使用中继器而不是表格显示数据，这样可以避免后期替换元件的麻烦，除非确定不需要制作高保真原型，或高保真原型中只需添加UI元素而不需要制作复杂的交互效果。

1.中继器的"项"

中继器的"项"可以理解为用来显示重复内容的元件或元件集合，例如，学生名单中用来显示每个字段的矩形就是中继器的"项"，中继器数据集中有几行数据，"项"就会重复显示几行。"项"可以由图形、图片、文本、表格和表单等元件组成，双击设计区域的中继器，可以设计"项"的内容，如图2-107所示。

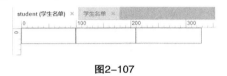

图2-107

2.中继器数据集

数据集就是中继器每一"项"对应数据的集合，与数据库中的表有些类似。在中继器的属性面板中可以编辑数据的字段和数据内容。双击表中的"添加列"可以新增字段，字段名称只能为英文；双击表中的"添加行"可以新增一行数据内容；双击表中的单元格可以编辑数据，也可以使用表上方的快捷按钮对数据集进行编辑，如图2-108所示。

图2-108

3.中继器显示数据

"项"和数据集共同组成了中继器的内容，但这二者目前是相对独立的存在，需要把数据集的每一个字段绑定到"项"中的元件上才能显示数据。

向设计区域中拖入中继器元件，默认为3行1列的表格，并且表格中的数据为1、2和3，如图2-109所示。先来分析一下这个默认中继器的内容。

图2-109

（1）数据集中第一列的字段名称为"Column0"，数据为"1""2""3"，如图2-110所示。

（2）双击中继器，在"项"中只有一个矩形元件。通过数据集可以发现需要重复显示的字段只有一个，只要把这个字段的数据绑定到"项"中的一个矩形上即可，如图2-111所示。

图2-110　　　　　图2-111

（3）在属性面板中的"每项加载时"事件的Case 1中，已经添加了"设置文本"的动作，此动作的目的就是绑定数据，如图2-112所示。

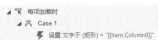

图2-112

这就是让中继器显示数据的操作思路，它不仅可以显示文本数据，也可以显示图片和链接页面，下一小节将给2.6.1小节中制作的基础学生名单增加图片和链接，进一步讲解中继器的使用方法。

4.中继器属性

在中继器的检视功能区的属性面板中，可设置的属性如图2-113所示。

图2-113

隔离单选按钮组效果：默认勾选，隔离中继器每个"项"中的单选按钮组。含义是如果中继器各行数据中有名称相同的单选按钮组，也不被认为是同一个组，它们互不干扰。

隔离选项组效果：默认勾选，把中继器每个"项"中的选项组隔离。含义是如果中继器各行数据中有名称相同的选项组，也不被认为是同一个组，它们互不干扰。

适应Html内容：默认勾选，如果中继器"项"中有隐藏的元件，那么在交互动作中显示这些元件时，会推动其他"项"的内容。

5.中继器样式

通过修改中继器的样式可以快速设置数据列表的样式，如图2-114所示。

图2-114

填充：设置中继器在上、下、左、右4个方向与内部元件之间的距离。

布局：设置中继器的"项"垂直分布或水平分布，需要配合"网格排布"复选框使用。

背景色/背景：样式面板上半部分中的背景色指的是整个中继器元件的背景颜色，而下半部分中的背景指的是"项"的背景颜色。"项"的背景色支持隔行变色效果，勾选"交替"，分别设置两种颜色值即可。

分页：当中继器数据较多时，可以分页显示，参数包括每页项目数和起始页。勾选"多页显示"，页面中只会显示第一页的数据，其他数据需要其他元件配合显示，在关于高级交互的章节中会介绍。

间距：设置中继器的"项"的行间距或列间距。如果"项"被设置为垂直分布，则"行"参数有效；如果"项"被设置为水平分布，则"列"参数有效。

2.6.3 课堂案例：完善学生名单

素材位置	素材文件>CH02>2.6.3 课堂案例：完善学生名单
实例位置	实例文件>CH02>课堂案例：完善学生名单.rp
视频名称	课堂案例：完善学生名单.mp4
学习目标	掌握在中继器里显示图片、添加跳转链接的方法

实现效果：在"基础学生名单"的基础上，增加表头、学生照片和查看详情链接，如图2-115所示。

图2-115

01 新增页面"小明详情""小红详情"和"小风详情"，作为单击学生名单中的"查看详情"时跳转至的目标页面，页面的内容可自行制作来加以区分，页面结构如图2-116所示。

图2-116

02 使用矩形制作学生名单的表头，表头的文字依次为"学号""学生姓名""所在班级""照片"和"操作"，填充颜色均为#E4E4E4。

03 在student中继器的数据集中新增两个字段——photo和link，含义分别是照片和查看详情的跳转链接，如图2-117所示。

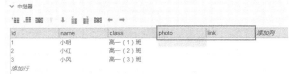

图2-117

04 将学生照片导入数据集。在photo列中的单元格上执行快捷菜单命令"导入图片"，依次导入3张图片，如图2-118所示。

05 添加跳转链接。在link列中的单元格上执行快捷菜单命令"引用页面"，依次选择"小明详情""小红详情"和"小风详情"，如图2-119所示。

图2-118   图2-119

06 双击student中继器，修改"项"的内容，增加两个矩形和1个图片元件。图片元件命名为photo，最右侧的矩形文本设置为"查看详情"，文本颜色设置为#0099CC，效果如图2-120所示。

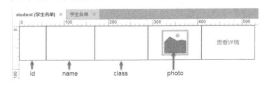

图2-120

07 把数据集中的图片数据绑定到"项"上显示出来，如图2-121和图2-122所示。

①选中student中继器，双击属性面板中"每项加载时"事件下已经添加好的动作，打开用例编辑器。

②添加"设置图片"动作。

③在右侧的配置动作区域中勾选"photo（图片）"。

④选择"Default"下方的选项为"值"，单击 fx 按钮，打开"编辑值"对话框。

⑤单击"插入变量或函数"，选择中继器/数据集类下的Item.photo，单击"确定"按钮。

图2-121

图2-122

> **提示**　注意在步骤7的①中，一定要双击"每项加载时"的Case 1下面已经添加好的动作，这样可以继续在后面添加其他动作，不要直接双击"每项加载时"，这样会给该事件新增一个Case 2用例，无法达到效果。关于事件、用例、动作的内容在后续的章节中会详细讲解。

08 给"查看详情"设置跳转链接，如图2-123所示。

①选中中继器的"项"中的"查看详情"矩形，双击属性面板中的"鼠标单击时"事件，打开用例编辑器。

②添加"打开链接"动作。

③在右侧的配置动作区域中选择"打开位置"为"当前窗口"。

④选择"链接到url或文件"。

⑤输入"[[Item.link]]"，或单击 **fx** 按钮，在编辑值对话框中单击"插入变量或函数"按钮，选择Item.link。

图2-123

09 完成，按F5键在浏览器中预览效果，如图2-124所示。

图2-124

提示　中继器的"项"里面的元件并不一定都要和数据集绑定，如照片列中的矩形和"查看详情"矩形都没有和数据集绑定。这些没有绑定数据的元件会直接重复显示，显示的次数就是数据集中数据的条数。

关于中继器，总结一下，"项"用来展示内容和数据，数据集用来存放数据，读者一定要把这两者区分开来，才能在工作中得心应手。

2.7 标记元件

在界面原型（尤其是低保真原型）中，有时需要对原型中的部分细节以文字的形式进行辅助说明，标记元件可以实现这种需求。

本节内容介绍

名称	作用	重要程度
页面快照	用于显示页面预览图和页面的交互状态	中
便签和标记	用于备注说明和标注	中
箭头	用于关联原型和便签，进行流程指引	中

2.7.1 页面快照

页面快照元件 用于显示页面的预览图,可以配置页面快照来显示整个页面,也可以通过移动和缩放显示页面的某一部分,当页面内容发生改变时,页面快照也会自动更新,如图2-125所示。

图2-125

页面快照可以当作流程图中的节点来使用,也可以用于制作线框图,展示交互过程的每一个步骤或状态。

1.添加引用页面

将页面快照元件拖至设计区域中,单击属性面板中的"添加引用页面"按钮,选择引用页面或母版。默认状态下,快照中的图像会跟随页面快照尺寸的变化而等比例变化,如图2-126所示。

图2-126

2.设置快照范围

选中页面快照元件,取消勾选属性面板中的"适应比例",可以设置水平方向、垂直方向的偏移量,以及缩放比例,改变快照范围,如图2-127所示。

图2-127

也可以双击页面快照元件，当鼠标指针变成"小手"形状时，可以直接拖动页面快照的内容，在按住Ctrl键的同时滚动鼠标滚轮，可以改变缩放比例。

 提示 当页面快照还没有引用页面时，双击它可以直接设置引用页面；当设置了引用页面后，双击它才可以设置快照范围。

在属性面板中可以设置页面快照内容与四周边界的距离，默认均为5，如图2-128所示。

图2-128

3.设置动作

当需要在页面快照中改变引用页面的默认展示效果时，例如显示弹出层、显示动态面板的其他状态、隐藏某些元件等，可以给页面快照设置交互动作，此操作不会影响到被引用的页面。

下面以显示弹出层为示例讲解此属性的用法。单击页面中的"删除"按钮后，显示弹框，需要分别展示页面的默认状态和显示弹框时的状态。假定已经给"删除"按钮的"鼠标单击时"事件添加了显示弹框的动作，则操作步骤如下。

（1）页面快照A引用该页面，设置好显示的范围即可，不需要其他操作。

（2）页面快照B引用该页面后，为其设置动作，如图2-129所示。

①选中页面快照B，单击属性面板中的"设置动作"按钮，打开"页面快照动作设置"编辑器。

②添加"触发事件"动作。

③④在右侧的配置动作区域中勾选"删除（矩形）"，勾选"鼠标单击时"。

图2-129

 提示 步骤2中使用"触发事件"动作的好处是，当引用页面中"删除"按钮的"鼠标单击时"事件的动作发生变化时，页面快照中会执行变化后的动作，无须再次修改。

（3）该页面的两种状态分别在页面快照A和B中展示，如图2-130所示。

图2-130

（4）还可以给两个页面快照添加连接线，以展示其页面交互逻辑，如图2-131所示。

①单击工具栏中的"连接"工具。

②鼠标指针悬停在页面快照上，边界上会出现连接点，拖动鼠标指针连接两个快照的连接点即可添加连接线。

③拖动连接线，调整起止位置。

图2-131

2.7.2 便签和标记

便签用于对原型中的内容进行备注说明，Axure提供了4种颜色的便签，其样式可以自行修改，如图2-132所示。

图2-132

圆形标记和水滴标记用于对原型中的细节进行精确标注，通常和便签组合使用，如图2-133所示。

图2-133

2.7.3 箭头

水平箭头┅和垂直箭头↓可以用来关联原型和便签，也可以进行流程指引等。

向设计区域中拖入水平箭头或垂直箭头，单击工具栏中的"箭头样式"按钮，可以设置两端的箭头样式，如图2-134所示。

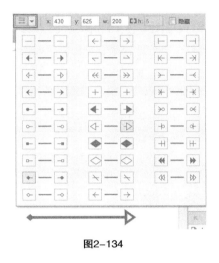

图2-134

2.8 流程图元件

绘制流程图也是产品经理必备的技能之一，Axure也提供了绘制流程图功能，可以结合界面原型，表现产品的设计思路和功能、页面之间的逻辑关系，避免了在各个软件之间切换的麻烦，提升了工作效率。

本节内容介绍

名称	作用	重要程度
绘制流程图	用于梳理思路，清晰表达业务逻辑	中
生成页面流程图	用于展示页面的层级结构	中

2.8.1 绘制流程图

流程图用来清晰地表达产品的业务逻辑，可以为产品经理梳理思路，防止业务漏洞出现，也可以为团队的其他成员简捷明了地说明业务流程。流程图可以纵向绘制，也可以横向绘制。图2-135所示是一个线上购物的简易流程图。

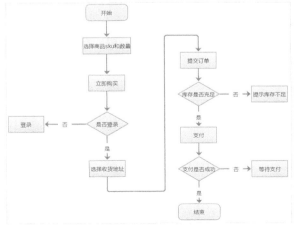

图2-135

Axure RP提供了一个流程图元件库（Flow），像使用其他元件一样，直接拖入设计区域即可，双击可添加文字。

给流程图中各个图形添加连接线的方法

（1）单击工具栏中的"连接"工具，如图2-136所示。

（2）把鼠标指针悬停至某个图形上，图形的边界上会出现连接点，如图2-137所示。拖动鼠标指针连接两个图形的连接点，即可添加连接线。

图2-136　　　　图2-137

（3）默认的连接线是没有箭头的，选中连接线，单击工具栏中的"箭头样式"按钮，可以设置箭头样式，如图2-138所示。

流程图中的每个图形都有自己的含义，在绘制流程图时要尽可能地遵守这些图形的使用规范，才能更好地沟通交流。下面是常用的流程图图形的含义。

圆角矩形：表示流程的开始和结束。

矩形：表示要执行的动作。

菱形：表示决策或判断。

平行四边形：表示数据的输入。

箭头：表示执行的方向。

文件：表示以文件的方式输入或输出。

括弧：注释或者说明，也可以做条件叙述。

梯形：用于手动操作。

圆形：表示交叉引用。

角色：表示执行流程的角色。

数据库：表示系统的数据库。

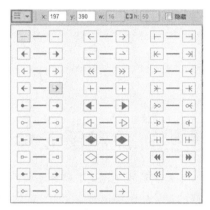

图2-138

2.8.2 生成页面流程图

Axure RP还可以根据页面层级结构自动生成页面流程图。打开需要放置流程图的页面，在页面列表的根页面（或根文件夹）上执行快捷菜单命令"生成流程图"，如图2-139所示。

为了把流程图页面和普通页面区分开，在流程图页面上执行快捷菜单命令"图表类型>流程图"，该页面的图表就会变成"流程图"样式，如图2-140所示。

图2-139　　　　　图2-140

2.9 课堂练习

下面准备了两个练习供读者练习本章的操作，在每个练习的后面已经给出了相应的制作提示，读者可以根据相关提示，结合前面的课堂案例来进行操作。

2.9.1 课堂练习: 分类导航的水平拖动效果

素材位置	无
实例位置	实例文件>CH02>课堂练习: 分类导航的水平拖动效果.rp
视频名称	课堂练习: 分类导航的水平拖动效果.mp4
学习目标	掌握动态面板状态拖动时事件的使用方法

要求在分类导航区域中拖动鼠标指针时导航内容水平移动,如图2-141所示。

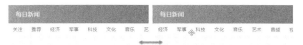

图2-141

2.9.2 课堂练习: App信息流

素材位置	素材文件>CH02>课堂练习: App信息流
实例位置	实例文件>CH02>课堂练习: App信息流.rp
视频名称	课堂练习: App信息流.mp4
学习目标	掌握中继器的基本使用方法,掌握"项"和数据集之间的关系

要求使用中继器制作App信息流,效果如图2-142所示。

Axure实用教程

界面原型浅见

原型的设计可以说是产品经理或者产品助理
的重要工作,这篇文章我就从以下几个方面
谈谈我对产品原型设计的一些看法。

by 小明   150浏览   2评论   45喜欢

动态面板

很多高保真交互效果的实现都离不开动态面
板,学好动态面板的使用,是制作高保真原
型的前提和基础。

by 小红   300浏览   6评论   10喜欢

中继器

中继器是一种高级元件,可以制作动态的数
据列表,是制作高保真原型必须掌握的工
具。

by 小风   130浏览   5评论   67喜欢

图2-142

2.10 课后习题

在本章最后,准备了4个习题,读者可以在空余时间来做一做,巩固一下本章的知识。

2.10.1 课后习题: 按钮的禁用样式制作

素材位置	无
实例位置	实例文件>CH02>课后习题: 按钮的禁用样式制作.rp
视频名称	课后习题: 按钮的禁用样式制作.mp4
学习目标	掌握元件的"禁用"交互样式的设置方法

要求通过设置按钮元件的"禁用"交互样式,设置登录按钮禁用时填充颜色为浅灰色(参考色值为 #E4E4E4),效果如图2-143所示。

请输入用户名

请输入密码

图2-143

2.10.2　课后习题：制作App中的"开关"元件

素材位置	素材文件>CH02>课后习题：制作App中的"开关"元件
实例位置	实例文件>CH02>课后习题：制作App中的"开关"元件.rp
视频名称	课后习题：制作App中的"开关"元件.mp4
学习目标	掌握动态面板状态的使用方法，强化动态面板的应用能力

要求制作移动App中常见的"开关"元件，默认为关闭状态，单击后可切换"打开"/"关闭"状态，效果如图2-144所示。

图2-144

2.10.3　课后习题：切换标签页

素材位置	无
实例位置	实例文件>CH02>课后习题：切换标签页.rp
视频名称	课后习题：切换标签页.mp4
学习目标	掌握动态面板状态的使用方法，强化动态面板的应用能力

要求鼠标指针悬停在标签页按钮上方时该文本的颜色变为#1E9FFF；单击标签页按钮后，对应的标签页文本颜色也变为#1E9FFF，同时下方的标签页内容发生变化，如图2-145所示。

图2-145

2.10.4　课后习题：订单列表

素材位置	素材文件>CH02>课后习题：订单列表
实例位置	实例文件>CH02>课后习题：订单列表.rp
视频名称	课后习题：订单列表.mp4
学习目标	掌握中继器的基本使用方法，掌握"项"和数据集之间的关系

使用中继器制作订单列表，效果如图2-146所示。

图2-146

第3章 母版

本章将介绍 Axure RP 8.0 母版的基础知识，包括母版的作用、使用场景和使用方法。学完本章内容，读者可以体会到"巧用母版"在提高工作效率方面所起到的作用，强化在原型设计中进行"复用"的意识。

课堂学习目标

- 了解母版的作用
- 了解母版的使用场景
- 掌握如何在项目中应用母版

3.1 母版基础

当原型中的元件或元件组合需要重复使用时，可以把它们制作成母版，使用时将母版直接拖动至设计区域中，无须重复制作；当这些内容需要修改时，只需在母版中修改一次，所有应用母版的区域都会自动更新，既方便制作，又提高了后期的可维护性。可以把母版理解为一个通用组件，充分体现了"复用"的理念，如标签栏、菜单栏和版权信息等内容，会在不同的页面中使用，是母版典型的应用实例，如图3-1所示。

图3-1

需要说明的是，并不是完全相同的内容才能制作成母版，如图3-1所示的App底部标签栏，每个页面中的对应标签（图标和文字）会显示为选中状态（高亮色），在视觉上并非"一模一样"。Axure RP的强大之处在于，可以在母版中设置交互动作，通过设置变量、使用条件用例来实现上述效果，在"第5章 交互"中会讲到，在本章中各位读者只需要了解和掌握母版的基础知识和应用即可。

3.2 母版的应用

了解母版的作用后，本节将介绍如何创建母版、使用母版和设置母版的属性等内容，读者要熟练掌握母版的应用方法。

本节内容介绍

名称	作用	重要程度
创建母版	将元件制作为母版以备复用	高
母版实例	设置母版中单选按钮组和选项组的隔离效果	中
母版的拖放行为	用于设置母版在应用页面中的位置	高
应用母版	将创建好的母版应用到页面中复用	中
移除母版	从页面中移除使用的母版	中

3.2.1 创建母版

创建母版的方法有两种。

方法1

在母版功能区中单击"添加母版"按钮并命名，即可创建母版，双击该母版可以编辑内容，如图3-2所示。由于是先在单独的设计区域中设计母版，然后应用到不同的页面中，所以使用此方法不方便把握母版中的元件和应用母版的页面中的元件之间的尺寸和位置关系。

图3-2

方法2

比较常用的方法是先在页面的设计区域中正常进行页面的排版设计，然后选出重复的内容用于制作母版。

（1）选中需要制作为母版的元件，执行快捷菜单命令"转换为母版"，如图3-3所示。

（2）命名新母版，选择拖放行为（任何位置、固定位置和脱离母版），单击"继续"按钮即可创建母版，如图3-4所示。

图3-3　　　　　　　　　　　　图3-4

3.2.2 母版实例

在应用母版的页面中选中母版，在检视功能区的属性面板中有两种母版实例，如图3-5所示。

图3-5

隔离单选按钮组效果： 默认勾选，隔离母版和页面中的单选按钮组。含义是如果母版中和页面中有名称相同的单选按钮组，也不被认为是同一个组，二者互不干扰。

隔离选项组效果： 默认勾选，隔离母版和页面中的选项组。含义是如果母版中和页面中有名称相同的选项组，也不被认为是同一个组，二者互不干扰。

3.2.3 母版的拖放行为

母版有3种拖放行为，在母版列表上执行快捷菜单命令"拖放行为"，可以进行选择，如图3-6所示。

图3-6

任意位置： 在应用母版的页面中，可以任意拖动母版来改变位置。

（1）自行制作底部版权信息，转换为母版，命名为bottom，选择"拖放行为"为"任何位置"，如图3-7所示。

（2）打开新页面，将bottom拖入设计区域，此拖放行为下的母版边界是绿色的，如图3-8所示。

图3-7   图3-8

固定位置： 在应用母版的页面中，母版的位置是固定、不可改变的。

（1）自行制作顶部菜单，位置为（0，0），转换为母版，命名为head，选择"拖放行为"为"固定位置"，如图3-9所示。

（2）打开新页面，将head拖入设计区域，无论用鼠标拖动到什么位置，当松开鼠标时，母版的位置都是（0，0），此拖放行为下的母版边界是红色的，如图3-10所示。

图3-9   图3-10

在已经应用母版的页面中，执行快捷菜单命令"固定位置"，仅修改当前页面中该母版的拖放行为，其他页面中的母版不受影响，如图3-11所示。

图3-11

脱离母版： 当拖放行为被设置为"脱离母版"后，再次把它拖入设计区域时，原母版里的元件就会变成孤立的元件，而不再是母版，不再自动更新母版的内容，但已经应用过的页面不受影响。

（1）在母版功能区的bottom母版上执行快捷菜单命令"拖放行为>脱离母版"，如图3-12所示。

（2）打开一个新页面，把bottom母版拖入设计区域，可以看到bottom中的元件已经不再是一个整体，可以单独编辑，如图3-13所示。

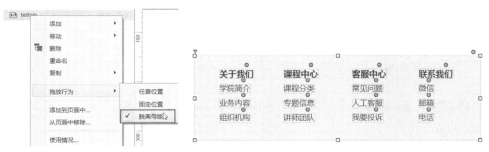

图3-12   图3-13

在已经应用母版的页面中，在设计区域中的母版上执行快捷菜单命令"脱离母版"，仅修改当前页面中该母版的拖放行为，其他页面中的母版不受影响，如图3-14所示。

图3-14

3.2.4 应用母版

方法1

直接把母版拖至页面的设计区域中。

方法2

批量应用母版。

（1）在母版列表上执行快捷菜单命令"添加到页面中"，如图3-15所示。

（2）添加母版到页面中，如图3-16所示。

①选择要应用母版的页面。

②选择快捷按钮，包括全部选中、全部取消、选中全部子页面和取消全部子页面。

③设置母版的应用位置，可以锁定为母版中的位置、指定新的位置、设置是否置于底层。

④一般默认勾选此选项。

注意：此操作无法撤销！

图3-15   图3-16

3.2.5 移除母版

方法1

选中页面中的母版，使用Delete键即可从页面中移除该母版。

方法2

批量移除母版。

（1）在母版列表上执行快捷菜单命令"从页面中移除"，如图3-17所示。

（2）选择从哪些页面中移除所选母版，如图3-18所示。

注意：此操作无法撤销！

图3-17   图3-18

3.3 课后习题：关于母版的思考与练习

素材位置	无
实例位置	无
视频名称	课后习题：关于母版的思考与练习.mp4
学习目标	掌握母版的使用方法

从日常使用的App、网站的页面中寻找可以使用母版制作的内容，并在Axure RP 8.0中尝试制作这些内容。

第 **4** 章 交互

本章介绍 Axure RP 8.0 的基础交互和高级交互，其中高级交互包括条件用例、变量、函数、表达式和母版自定义事件。本章是很重要的一章，大部分复杂的交互效果都需要用到本章的知识。学完本章内容，读者能够使用高级交互技术制作高保真原型。

课堂学习目标

- 掌握基础的事件、用例、动作的含义
- 掌握条件用例的含义及应用
- 掌握变量的含义及应用
- 掌握函数的含义及应用
- 把变量、函数和表达式相结合来制作交互效果
- 掌握母版自定义事件的含义及应用

4.1 交互基础详解

本节以案例"弹框的灯箱效果"为例，对交互的3大元素——事件、用例和动作进行详细解读，通过生活中的事例加深读者的理解。

本节内容介绍

名称	作用	重要程度
事件	触发事件是实现交互效果的第一步	高
用例	多个执行的动作的集合，用于设置动作执行的条件	高
动作	用例中具体执行的内容，用于实现最终的交互效果	高

4.1.1 课堂案例：弹框的灯箱效果

素材位置	无
实例位置	实例文件>CH04>课堂案例：弹框的灯箱效果.rp
视频名称	课堂案例：弹框的灯箱效果.mp4
学习目标	体验事件、用例和动作的用法

实现效果：单击数据列表中的"移除"按钮，显示确认弹框，且弹框下方有浅灰色遮罩；单击弹框中的"取消"按钮，弹框隐藏，如图4-1所示。

图4-1

此处直接在之前做好的学生名单的基础上进行修改，读者也可以自行设计。

01 设置列表中操作列的文本为"移除"。

02 按照效果图制作弹框内容，为了方便操作，可以在设计区域的空白处进行排版。选中组成弹框的所有元件，单击工具栏中的"组合"按钮 ▦ （快捷键为Ctrl+G），并将整个组合命名为tip。

03 隐藏tip组合，勾选工具栏下方的"隐藏"复选框，如图4-2所示。

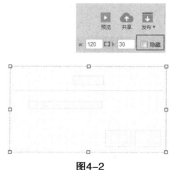

图4-2

04 制作单击学生名单中的"移除"按钮时显示确认弹框的效果，如图4-3所示。

①双击中继器，进入中继器的"项"，选中"移除"按钮，双击属性面板中的"鼠标单击时"事件，打开用例编辑器。

②添加"显示"动作。

③在右侧的配置动作区域中勾选"tip（组合）"。

④设置动画为"向下滑动"，时间为500毫秒。

⑤设置"更多选项"为"灯箱效果"，背景色为#CCCCCC，不透明度为75%。

图4-3

> **提示** 因为本案例是在学生名单的基础上制作的，而学生名单中使用了中继器，所以步骤4需要在中继器中进行。如果页面的基础布局内容是由读者自行制作的，那么步骤4只需给对应的元件设置交互即可。

05 制作单击弹框中的"取消"按钮时隐藏弹框的效果，如图4-4所示。

①在弹框的"取消"按钮上慢速单击两次，选中"取消"按钮，双击属性面板中的"鼠标单击时"事件，打开用例编辑器。

②添加"隐藏"动作。

③在右侧的配置动作区域中勾选"tip（组合）"。

④设置动画为"向上滑动"，时间为500毫秒。

图4-4

> **提示** 如需选中组合内部的元件，在元件上慢速单击两次即可，两次单击的时间间隔大约为1秒。

06 移动tip组合，覆盖在学生名单上，并将tip组合置于顶层，如图4-5所示。

07 按F5键，在浏览器中预览效果，如图4-6所示。

图4-5

图4-6

4.1.2 事件、用例和动作

在之前的案例中，其实已经接触过了事件、用例和动作，本小节对它们进行详细的解读。

可以把"事件"理解为在某一时刻要发生的某件事，"用例"是发生这件事的不同情况或场景，"动作"就是在某种情况或场景下要具体执行的内容。下面通过一个生活中的例子来说明这三者之间的关系，如表4-1所示。

表4-1

事件	吃饭
用例一	动作1. 打电话给餐厅预订座位
	动作2. 查询公交线路
	动作3. 前往公交站
用例二	动作1. 打开手机App订外卖
	动作2. 等待外卖
	动作3. 签收外卖

1.事件

实现交互效果的第一步是触发事件，页面和不同类型的元件都有自己的事件触发器，如页面载入时、鼠标单击时等。检视功能区的属性面板中默认显示几个常用的事件，在"更多事件"下拉框中可以找到其他事件，如图4-7所示。

图4-7

2.用例

用例是多个具体执行的动作的集合，一个事件可以包含多个用例，双击属性面板中的某个事件（或单击"添加用例"按钮），打开用例编辑器，根据需要输入用例名称，如图4-8所示。

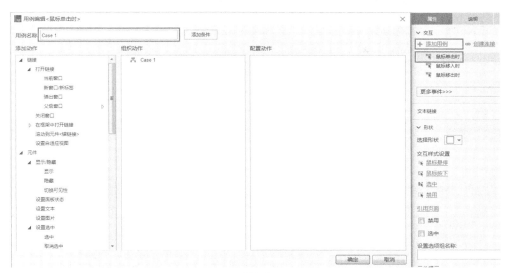

图4-8

当给某个事件添加了多个用例，但用例没有执行条件时，需要手动选择执行的用例，如图4-9所示。

给事件的不同用例都添加了执行条件，就变成了条件用例，按照从上至下的顺序判断，若符合条件就会执行该用例。

图4-9

3.动作

动作是在不同用例下具体执行的内容，如打开页面、隐藏元件等，需要在用例编辑器中添加并配置动作，如图4-10所示。

①单击左侧列表中的动作，添加动作（可以添加多个）。

②动作是按照从上至下的顺序依次执行的，拖动动作可以改变其顺序。

③配置动作的具体参数，不同的动作有不同的参数。

图4-10

4.2 条件用例

在真实的网站或App中，经常需要在不同条件下显示不同的交互效果，或在指定条件下触发某些事件。使用Axure RP 8.0制作高保真原型时，如要满足上述需求，只需使用"条件用例"。

本节内容介绍

名称	作用	重要程度
条件用例	给动作添加执行条件	高

4.2.1 课堂案例：评论区制作

素材位置	无
实例位置	实例文件>CH04>课堂案例：评论区制作.rp
视频名称	课堂案例：评论区制作.mp4
学习目标	体验条件用例的使用场景和用法

实现效果：若评论输入框内容为空，则"提交"按钮禁用，输入评论后，"提交"按钮恢复成可用状态，如图4-11所示。

图4-11

01 向设计区域拖入多行文本框和主要按钮，按钮命名为submit，修改按钮的文本内容为"提交"。

02 评论输入框默认为空，所以"提交"按钮初始为禁用状态。选中"提交"按钮，勾选属性面板中的"禁用"，如图4-12所示。

☑ 禁用
☐ 选中

图4-12

03 设置"提交"按钮的禁用时的交互样式，如图4-13所示。

①选中submit按钮，单击属性面板中的"禁用"按钮。

②勾选"填充颜色"，设置为#999999。

图4-13

04 制作当评论输入框为空时禁用"提交"按钮的效果，如图4-14所示。

①选中评论输入框，在属性面板中双击"文本改变时"事件，打开用例编辑器。

②修改用例名称为"评论为空"。

③单击"添加条件"按钮，打开条件设立对话框。

④依次设置条件参数为元件文字、This、==、值、空白（不输入任何内容）。

⑤添加动作"禁用"。

⑥在右侧的配置动作区域中勾选"submit（矩形）"。

图4-14

05 制作当输入评论后启用"提交"按钮的效果，如图4-15所示。

①选中评论输入框，在属性面板中双击"文本改变时"事件，打开用例编辑器。

②修改用例名称为"评论不为空"。

③因为此案例的条件只有两种，非此即彼，故可以不设置条件，保持默认的Else If True即可。

④添加动作"启用"。

⑤在右侧的配置动作区域中勾选"submit（矩形）"。

图4-15

06 按F5键，在浏览器中预览效果，如图4-16所示。

图4-16

4.2.2 条件用例详解

在高保真原型中，有时一个事件在不同的条件下会执行不同的动作，或者在满足某个条件时才会触发事件，当不满足条件时不触发事件。给用例添加条件后，该用例就变成了"条件用例"。下面同样用生活中的事件"吃饭"来解释条件用例，如表4-2所示。

表4-2

事件		吃饭
用例一	条件	天气晴朗
	动作	1. 打电话给餐厅预订座位 2. 查询公交线路 3. 前往公交站
用例二	条件	天气下雨
	动作	1. 打开手机App订外卖 2. 等待外卖 3. 签收外卖

在用例编辑器中，单击"添加条件"按钮，打开"条件设立"对话框，即可设置条件，如图4-17所示。

①若选择"全部"，则需要符合条件列表中的所有条件才会执行该用例；若选择"任何"，则只需要满足列表中任何一个条件即会执行该用例。

②在该条件下方继续添加条件。

③删除该条件。

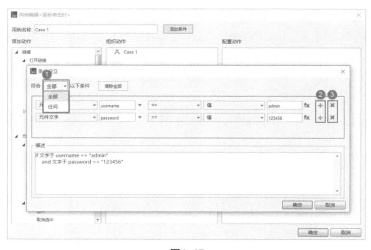

图4-17

> **提示** 当条件用例较多，条件较为复杂时，可以修改用例名称以明确区分各个用例的含义，当条件较为简单时，也可以使用默认名称。

4.2.3 If 和 Else If

当设置多个条件用例时，第1个用例的前缀为"If"，从第2个用例开始，前缀默认均为"Else If"。在用例名称上执行快捷菜单命令"切换为<If>或<Else If>"，可以在二者之间切换，如图4-18所示。

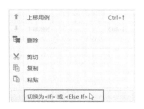

图4-18

If和Else If的区别。

If：每个用例的条件都会被判断一次，如果符合条件就执行该用例。

Else If：只要有一个用例已经满足条件，就不再对后面的条件进行判断了。

提示　在进行If和Else If的切换时，在按住Ctrl键的同时单击用例名称，可以选中多个条件用例，进行批量切换。

如果用例设置的条件和动作都没有问题，但交互效果依然无法实现，可以考虑是否需要进行If和Else If的切换。

4.2.4 课堂案例：登录验证

素材位置	无
实例位置	实例文件>CH04>课堂案例：登录验证.rp
视频名称	课堂案例：登录验证.mp4
学习目标	巩固条件用例的相关知识

实现效果：输入用户名"admin"、密码"123456"，跳转至欢迎页；输入其他内容，提示"用户名或密码错误"，如图4-19所示。

图4-19

01 建立两个页面，分别命名为"登录页"和"欢迎页"，如图4-20所示。

图4-20

02 对登录页进行排版，如图4-21所示。

①向设计区域中拖入两个文本框元件，分别命名为username和password，提示文字分别设置为"用户名"和"密码"，设置password文本框的"类型"为"密码"。

②向设计区域中拖入主要按钮元件，命名为login，文本修改为"登录"。

③username和password文本框的"提交按钮"均设置为login。

④向设计区域中拖入文本标签元件，命名为error，文本修改为"用户名或密码错误"，文本颜色设置为#FF0000，设置为隐藏。

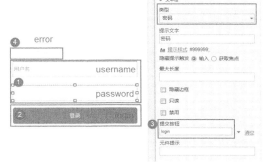

图4-21

03 制作输入用户名"admin"、密码"123456"时跳转至欢迎页的效果，如图4-22所示。

①选中login，双击属性面板中的"鼠标单击时"事件，打开用例编辑器。

②单击"添加条件"按钮，打开条件设立对话框。

③依次设置条件参数为元件文字、username、==、值、admin。

④单击➕按钮新增条件。

⑤依次设置参数为元件文字、password、==、值、123456，单击"确定"按钮。

⑥添加"打开链接"动作。

⑦选择"欢迎页"。

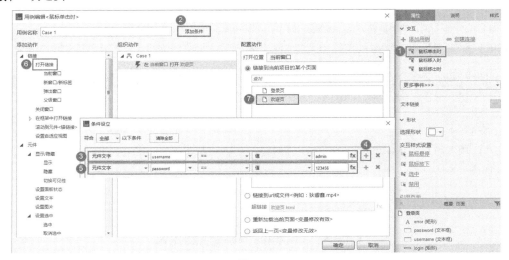

图4-22

04 制作输入其他内容时显示错误提示的效果，如图4-23所示。

①选中login，双击属性面板中的"鼠标单击时"事件，打开用例编辑器。

②无须再新增条件，直接添加"显示"动作。

③在右侧的配置动作区域中勾选"error（矩形）"。

图4-23

05 完成，按F5键在浏览器中预览效果，如图4-24所示。

图4-24

4.3 变量

之前的节中介绍的都是使用Axure RP 8.0进行页面的排版及常规交互的处理,没有涉及数据的交互。变量的作用就是存储和传递数据,主要用于制作高保真原型中比较复杂的交互效果。

本节内容介绍

名称	作用	重要程度
变量	用来存储和传递数据	高

4.3.1 课堂案例:显示登录时所使用的用户名

素材位置	无
实例位置	实例文件>CH04>课堂案例:显示登录时所使用的用户名.rp
视频名称	课堂案例:显示登录时所使用的用户名.mp4
学习目标	体验全局变量的作用和用法

实现效果:在"4.2.4 课堂案例:登录验证"的基础上制作,跳转至欢迎页后,欢迎页显示输入的用户名,如图4-25所示。

图4-25

01 打开欢迎页,向设计区域中拖入矩形元件,设置文字大小为18号,用于显示用户名。读者也可以根据自己的喜好自行排列页面内容,此处只做示意。

02 新增全局变量,存储登录的用户名,如图4-26所示。

①单击菜单栏中的"项目>全局变量"命令,打开全局变量对话框。

②单击➕按钮,新增全局变量。

③命名为user,设置默认值为"请登录"。

图4-26

03 制作在欢迎页中显示用户信息，若在没有登录的情况下打开欢迎页，则显示"欢迎您，请登录"的效果，如图4-27所示。

①选中欢迎页中的矩形，单击属性面板中的"更多事件"下拉框，选择"载入时"事件，打开用例编辑器。

②添加"设置文本"动作。

③在右侧的配置动作区域中勾选"当前元件"。

④选择"值"，输入"欢迎您，[[user]]"。

⑤也可以单击 **fx** 按钮，打开"编辑文本"对话框，输入"欢迎您，"，单击"插入变量或函数"按钮，选择user，单击"确定"按钮。

图4-27

04 制作登录后保存用户名信息的效果，如图4-28所示。

①打开登录页，选中login，双击属性面板中"鼠标单击时"事件的Case 1，打开用例编辑器。

②添加"设置变量值"动作。

③在右侧的配置动作区域中勾选"user"。

④选择"元件文字"，再选择"username"。

⑤在组织动作区域中拖动动作，改变执行顺序。

图4-28

05 完成，按F5键在浏览器中预览效果，如图4-29所示。

图4-29

4.3.2 变量详解

变量一般用来存储和传递数据，经常用于在高保真原型中制作比较复杂的交互效果。

1.变量的分类

变量一般分成两类，即系统变量和自定义变量，按照变量的作用范围又可以把自定义变量分为全局变量和局部变量。

系统变量：系统已经创建好的变量，可以直接使用。

全局变量：作用范围是整个项目文件，也就是说任何一个页面或元件都可以获取到它的值，可以在页面之间传递数据、保存状态信息等。Axure RP 8.0中默认提供了一个全局变量"OnLoadVariable"。

局部变量：作用范围仅局限于某个交互动作内，在其他的交互动作内无效，经常用来充当"中间变量"，获取某些特定的数据。例如，要获取某个元件上的文字时，可先把元件文字传递给局部变量，再通过该局部变量获取元件文字。

2.自定义变量的命名规则

无论是全局变量还是局部变量，都要遵循一定的命名规则。

- 变量名称的第1位字符必须是半角英文字母或下划线（_），其后只允许使用英文、数字和下划线（_）。
- 变量名称的最大长度不超过25个字符，不能有空格（当输入空格时会自动把空格替换为下划线）。
- 全局变量的名称不允许重复，而局部变量的名称在作用范围内不允许重复。

3.系统变量的使用

在用例编辑器中设置"值"的地方单击 fx 按钮，打开"编辑文本"对话框，单击"插入变量或函数"按钮，显示列表，如图4-30所示。

在列表中，最上方显示的是全局变量和局部变量，下方包含了系统变量和函数。区分系统变量和函数最简单的方法就是看"是否含有括号"，不含括号的为变量，含括号的为函数。

系统变量包含对象和属性。对象就是一个具体的事物，如一支铅笔、一台计算机，在Axure RP中就是元件、浏览器窗口和数据集等。属性就是对象的性质，如颜色、身高和体重，在Axure RP中可以是坐标、尺寸和文本等。

例如在Window.width中，Window是对象，含义是浏览器窗口，width是属性，含义是宽度。[[Window.width]]的含义为获取浏览器窗口的宽度。

又如[[This.x]]的含义为获取当前元件的x坐标。

图4-30

4.全局变量的使用

（1）单击菜单栏中的"项目>全局变量"命令，如图4-31所示，打开"全局变量"对话框。

（2）新增全局变量，如图4-32所示。

①单击 + 按钮新增一个全局变量。

②给全局变量命名，根据需要设置默认值，默认值可以为中文、英文和数字，允许为空。

③上移或下移全局变量。

④删除全局变量。

注意，删除变量后将无法撤销！

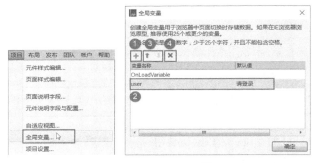

图4-31　　　　　　　　　　　图4-32

（3）应用全局变量，如图4-33所示。

①在用例编辑器中添加"设置变量值"动作。

②在右侧的配置动作区域中勾选变量名称。

③设置全局变量值（有9种备选类型：值、变量值、变量值长度、元件文字、焦点元件文字、元件文字长度、被选项、选中状态和面板状态）。

图4-33

（4）若在添加交互动作的过程中发现需要使用全局变量，可以直接在用例编辑器中添加"设置变量值"动作，在右侧的配置动作区域中单击"添加全局变量"即可，如图4-34所示。

图4-34

5.局部变量的使用

（1）在用例编辑器中单击 fx 按钮，如图4-35所示，打开"编辑文本"对话框。

图4-35

（2）新增局部变量，如图4-36所示。

①单击"添加局部变量"。

②输入变量名称。

③选择变量值（有6种备选类型：选中状态、被选项、变量值、元件文字、焦点元件文字和元件）。

图4-36

（3）应用局部变量，如图4-37所示。

①单击"插入变量或函数"。

②选择刚刚新增的局部变量。

图4-37

4.3.3 课堂案例：获取验证码时的倒计时效果

素材位置	无
实例位置	实例文件>CH04>课堂案例：获取验证码时的倒计时效果.rp
视频名称	课堂案例：获取验证码时的倒计时效果.mp4
学习目标	巩固变量、条件用例的应用，体验动态面板的灵活运用

实现效果：单击"获取验证码"按钮，显示倒计时，并禁用该按钮，倒计时结束后启用按钮，并恢复文本内容为"获取验证码"，如图4-38所示。为了节约预览的时间，方便查看预览效果，此处把倒计时的时间设置为5秒钟。

图4-38

01 效果图中的"获取验证码"按钮是一个文本标签元件，命名为getCode，设置文本为居中显示，其他页面内容读者可以根据效果图或自己的喜好自行排列，如图4-39所示。

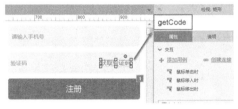

图4-39

02 设置"获取验证码"按钮在禁用时的交互样式，如图4-40所示。

①选中getCode，单击属性面板中的"禁用"按钮，打开交互样式设置对话框。

②勾选"字体颜色"，设置为#999999。

图4-40

03 向设计区域中拖入一个动态面板元件，命名为time，再新增一个状态，使动态面板拥有两个状态，即State1和State2。动态面板的作用是计时，不是显示页面内容，所以两个状态均不需要添加任何内容，如图4-41所示。

图4-41

04 新增全局变量，用来保存时间，如图4-42所示。

①单击菜单栏中的"项目>全局变量"命令，打开"全局变量"对话框。

②单击 + 按钮，新增全局变量。

③把全局变量命名为seconds。

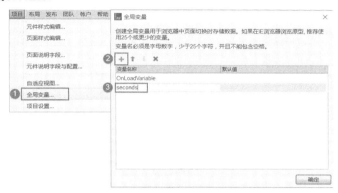

图4-42

05 制作单击"获取验证码"按钮时时间初始化为5秒的效果，如图4-43所示。

①选中getCode，双击属性面板中的"鼠标单击时"事件，打开用例编辑器。

②添加"设置变量值"动作。

③在右侧的配置动作区域中勾选"seconds"。

④设置变量值为5。

图4-43

06 制作启动倒计时器的效果，如图4-44所示。

①不要关闭用例编辑器，添加动作"设置面板状态"。

②在右侧的配置动作区域中勾选"Set time（动态面板）"。

③选择状态为Next，并勾选"向后循环"，勾选"循环间隔"，其数值保持默认的1000毫秒，每秒钟自动

切换一次面板状态，相当于倒计时器。

图4-44

07　制作禁用"获取验证码"按钮的效果，如图4-45所示。

①不要关闭用例编辑器，添加动作"禁用"。

②在右侧的配置动作区域中勾选"当前元件"。

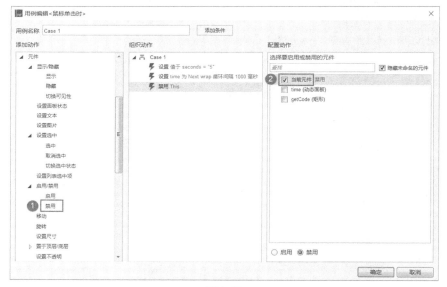

图4-45

08　制作倒计时器启动后开始倒计时的效果，如图4-46所示。

①选中time，双击属性面板中的"状态改变时"事件，打开用例编辑器。

②单击"添加条件"按钮，打开条件设立对话框。

③依次设置条件参数为变量值、seconds、>、值、0，单击"确定"按钮。

④添加"设置文本"动作。

⑤在右侧的配置动作区域中勾选"getCode（矩形）"。

⑥设置文本为"值",输入"[[seconds]]s"。

⑦接下来要把时间减1,不要关闭用例编辑器,添加动作"设置变量值",设置seconds的值为 [[seconds-1]]。

图4-46

提示 步骤8中的[[seconds]]s、[[seconds-1]]实际上是表达式。

"[[ ]]"内的内容可以是变量、函数、数字,可以进行运算。如变量seconds的值为5,[[seconds-1]]的结果为4。

"[[ ]]"的运算结果和"[[ ]]"外的内容可以拼接到一起,形成字符串,如变量seconds的值为5,[[seconds]]s获取的内容就是"5s"。

09 制作倒计时结束后恢复按钮文字为"获取验证码"并启用按钮的效果,如图4-47所示。

①选中time,双击属性面板中的"状态改变时"事件,打开用例编辑器。

②不再添加条件,直接添加"设置文本"动作。

③在右侧的配置动作区域中勾选"getCode(矩形)"。

④设置文本为"值",输入"获取验证码"。

⑤不要关闭用例编辑器,添加"启用"动作,启用getCode。

图4-47

10 完成，按F5键在浏览器中预览效果，如图4-48所示。

图4-48

4.4 函数

函数是Axure RP又一个强大的工具，当它与变量结合使用时，能够制作出更符合真实产品交互效果的界面原型。巧妙运用函数，能起到事半功倍的效果。

本节内容介绍

名称	作用	重要程度
函数	一般用于赋值或公式运算	高

4.4.1 课堂案例：自动获取页面名称

素材位置	无
实例位置	实例文件>CH04>课堂案例：自动获取页面名称.rp
视频名称	课堂案例：自动获取页面名称.mp4
学习目标	体验函数的作用和用法，回顾母版的应用

实现效果：要求使用母版制作App中不同页面的标题栏，单击"设置"页面中的按钮时跳转至对应的页面，页面标题栏中的文字获取自页面名称，单击页面中的"返回"按钮，返回至上一页，如图4-49所示。

图4-49

01 添加3个页面，分别命名为"设置""账号管理"和"消息通知"，页面结构如图4-50所示。

02 打开"设置"页面，向设计区域中拖入矩形元件，用于显示页面标题，位置为（0,0），尺寸为375像素×44像素，设置文字大小为18号，无须设置文本内容。在Icons元件库中找到左箭头并拖至设计区域中，作为返回按钮，位置为（12,12），尺寸为12像素×20像素，如图4-51所示。

图4-50   图4-51

03 选中步骤2中的矩形和左箭头，执行快捷菜单命令"转换为母版"，将母版命名为"head"，"拖放行为"选择"固定位置"，如图4-52所示。

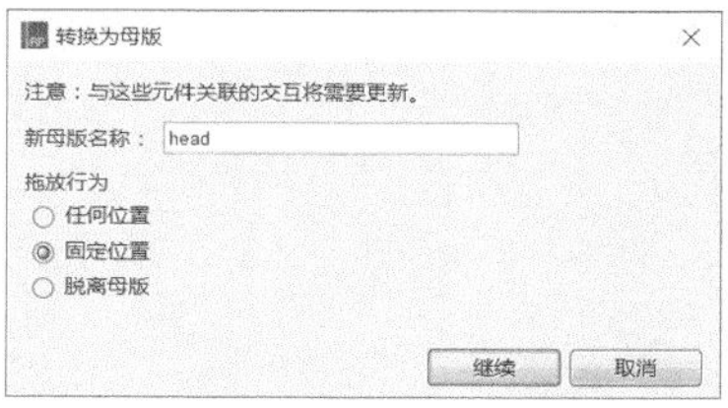

图4-52

04 双击head母版，编辑母版的交互动作，设置自动获取当前页面名称的效果，如图4-53所示。

①选中母版中的矩形，单击属性面板中的"更多事件"下拉框，选择"载入时"事件，打开用例编辑器。

②添加"设置文本"动作。

③在右侧的配置动作区域中勾选"当前元件"。

④设置文本为"值"，输入"[[PageName]]"。

⑤也可以单击 fx 按钮，打开"编辑文本"对话框，单击"插入变量或函数"按钮，选择"页面"类下的PageName，单击"确定"按钮。

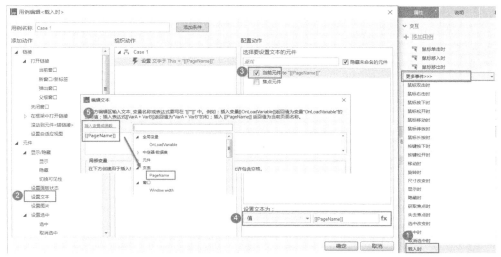

图4-53

05 制作单击左箭头时返回至上一页效果，如图4-54所示。

①选中左箭头，双击属性面板中的"鼠标单击时"事件，打开用例编辑器。

②添加"打开链接"动作。

③在右侧的配置动作区域中选中"返回上一页"。

图4-54

06 进入"账号管理"和"消息通知"页面，向设计区域中拖入head母版，并对"设置""账号管理"和"消息通知"3个页面进行排版。在设计区域中，每个页面的标题栏中是没有文字的，如图4-55所示。

图4-55

07 进入"设置"页面，添加页面跳转链接，如图4-56所示。

①选中"账号管理"的矩形，双击属性面板中的"鼠标单击时"事件，打开用例编辑器。

②添加"打开链接"动作。

③在右侧的配置动作区域中选择"账号管理"。

图4-56

08 用同样的方法给"消息通知"矩形添加跳转链接。

09 完成，按F5键在浏览器中预览效果。单击"设置"页面中的按钮时跳转至对应的页面，页面标题栏中的文字自动获取自页面名称，单击页面中的"返回"按钮，返回至上一页，如图4-57所示。

图4-57

> **提示** App的标题栏都是固定在页面顶部的，可以利用动态面板的"固定到浏览器"属性制作，读者可以加以思考并进行制作。

4.4.2 函数详解

Axure RP 8.0中内置了不同种类的函数供读者直接调用，一般在公式中或需要赋值的地方与变量结合使用。在制作复杂的交互效果时，如果能巧妙地运用函数可以省去很多用例和动作。在用例编辑器中设置"值"的地方单击 fx 按钮，打开"编辑文本"对话框，单击"插入变量或函数"按钮，会显示列表，如图4-58所示。

图4-58

从4.3.2小节了解到，列表中不含括号的为变量，含括号的为函数。括号内输入的内容为函数的参数，有些函数的参数必填，有些函数的参数可以不填。有些教程把列表中的系统变量（不含括号）也归类为函数。

4.4.3 函数列表

Axure RP 8.0中内置的函数很多，并且名称都是有实际意义的，无须死记硬背。另外，这么多函数不需要全部记住，只需要知道Axure RP 8.0提供了哪些类别的函数，这些函数大概能实现什么效果即可。本书提供了函数列表，当需要使用时直接查阅即可。

表4-3

字符串	解释
length	返回字符串的长度
charAt(index)	返回文本中指定位置的字符
charCodeAt(index)	返回文本中指定位置字符的Unicode编码
concat('string')	连接两个或多个字符串
indexOf('searchValue')	返回从左至右查询字符串在当前文本对象中首次出现的位置
lastIndexOf('searchvalue')	返回从右至左查询字符串在当前文本对象中首次出现的位置
replace('searchvalue','newvalue')	用新的字符串替换当前文本对象中指定的字符串
slice(start,end)	从当前文本中截取从指定开始位置到终止位置之间的字符串（不含终止位置）
split('separator',limit)	将文中的字符串按照指定分隔符分组，并返回从左开始的指定数量的字符串
substr(start,length)	从文本中指定位置开始截取一定长度的字符串
substring(from,to)	从文本中截取从指定位置到另一指定位置区间的字符串（较小的参数为起始位置，较大的参数为终止位置，不包含终止位置）
toLowerCase()	将文本中所有的大写字母转换为小写字母
toUpperCase()	将文本中所有的小写字母转换为大写字母
trim()	删除文本两端的空格
toString()	将数值转换为字符串

表4-4

数学	解释
+	返回两数相加的值
−	返回两数相减的值
*	返回两数相乘的值

（续）

数学	解释
/	返回两数相除的值
%	返回两数相除的余数
abs(x)	返回参数的绝对值
acos(x)	返回参数的反余弦值
asin(x)	返回参数的反正弦值
atan(x)	返回参数的反正切值
atan2(y,x)	返回某一点（x，y）的弧度值
ceil(x)	向上取整数
cos(x)	余弦函数
exp(x)	以e（e是自然常数）为底的指数函数
floor(x)	向下取整数
log(x)	以e为底的对数函数
max(x,y)	返回参数中的最大值
min(x,y)	返回参数中的最小值
pow(x,y)	返回x的y次幂
random()	返回0~1之间的随机数（不含0和1）
sin(x)	正弦函数
sqrt(x)	平方根函数
tan(x)	正切函数

表4-5

日期	解释
Now	返回当前计算机的系统日期
GenDate	返回原型生成的日期
getDate()	返回日期的数值
getDay()	返回星期的数值
getDayOfWeek()	返回星期的英文名称
getFullYear()	返回年份的数值
getHours()	返回小时的数值
getMilliseconds()	返回毫秒的数值
getMinutes()	返回分钟的数值
getMonth()	返回月份的数值
getMonthName()	返回月份的英文名称
getSeconds()	返回秒钟的数值
getTime()	返回从1970年1月1日00:00:00到当前日期的毫秒数，以格林威治时间为准
getTimezoneOffset()	返回世界标准时间(UTC)与当前主机时间之间相差的分钟数
getUTCDate()	使用世界标准时间，返回日期的数值
getUTCDay()	使用世界标准时间，返回星期的数值
getUTCFullYear()	使用世界标准时间，返回年的数值
getUTCHours()	使用世界标准时间，返回小时的数值
getUTCMilliseconds()	使用世界标准时间，返回毫秒的数值
getUTCMinutes()	使用世界标准时间，返回分的数值

（续）

日期	解释
getUTCMonth()	使用世界标准时间，返回月的数值
getUTCSeconds()	使用世界标准时间，返回秒的数值
parse(datestring)	返回指定日期字符串与1970年1月1日00:00:00之间相差的毫秒数
toDateString()	返回字符串格式的日期
toISOString()	返回IOS格式的日期，格式为yyyy-mm-ddThh:mm:ss.sssZ
toJSON()	返回JSON格式的日期字串，格式为yyyy-mm-ddThh:mm:ss.sssZ
toLocaleDateString()	返回字符串格式日期的"年/月/日"部分
toLocaleTimeString()	返回字符串格式时间的"时:分:秒"部分
toLocaleString()	返回字符串格式的日期和时间
toUTCString()	返回字符串形式的世界标准时间
toTimeString()	返回字符串形式的当前时间
UTC(year,month,day,hour,min,sec,millisec)	返回指定日期与1970年1月1日00:00:00之间相差的毫秒数
valueOf()	返回当前日期的原始值
addYears(years)	返回新日期，新日期的年份为当前年份数值加上指定年份数值
addMonths(months)	返回新日期，新日期的月份为当前月份数值加上指定月份数值
addDays(days)	返回新日期，新日期的日期为当前日期数值加上指定日期数值
addHours(hours)	返回新日期，新日期的小时为当前小时数值加上指定小时数值
addMinutes(minutes)	返回新日期，新日期的分钟为当前分钟数值加上指定分钟数值
addSeconds(seconds)	返回新日期，新日期的秒钟为当前秒钟数值加上指定秒钟数值
addMilliseconds(ms)	返回新日期，新日期的毫秒为当前毫秒数值加上指定毫秒数值
Year	返回年份的数值
Month	返回月份的数值
Day	返回日期的数值
Hours	返回小时的数值
Minutes	返回分钟的数值
Seconds	返回秒钟的数值

表4-6

数字	解释
toExponential(decimalPoints)	把数值用指数计数法表示
toFixed(decimalPoints)	将数字转为保留指定位数的小数，当该数字的小数位数超出指定位数时进行四舍五入
toPrecision(length)	将数字格式化为指定的长度，当该数字超出指定的长度时，会将其用指数计数法表示

表4-7

元件	解释
This	返回当前元件
Target	返回目标元件
x	返回元件的x轴坐标值
y	返回元件的y轴坐标值
width	返回元件的宽度值
height	返回元件的高度值
scrollX	返回元件的水平滚动距离

（续）

元件	解释
scrollY	返回元件的垂直滚动距离
text	返回元件的文字
name	返回元件的自定义名称
top	返回元件的上边界y轴坐标值
left	返回元件的左边界x轴坐标值
right	返回元件的右边界x轴坐标值
bottom	返回元件的下边界y轴坐标值
opacity	返回元件的不透明度比例
rotation	返回元件的旋转角度

表4-8

窗口	解释
Window.width	返回浏览器页面的宽度
Window.height	返回浏览器页面的高度
Window.scrollX	返回浏览器页面水平滚动的距离
Window.scrollY	返回浏览器页面垂直滚动的距离

表4-9

页面	解释
PageName	返回当前页面的名称

表4-10

鼠标指针	解释
Cursor.x	鼠标指针在页面中的位置的x轴坐标
Cursor.y	鼠标指针在页面中的位置的y轴坐标
DragX	鼠标指针开始沿x轴拖动元件时的移动距离，向右数值为正，向左数值为负
DragY	鼠标指针开始沿y轴拖动元件时的移动距离，向下数值为正，向上数值为负
TotalDragX	鼠标指针沿x轴拖动元件时从开始到结束移动的距离，向右数值为正，向左数值为负
TotalDragY	鼠标指针沿y轴拖动元件时从开始到结束移动的距离，向下数值为正，向上数值为负
DragTime	鼠标指针拖动元件从开始到结束的时长（毫秒）

表4-11

中继器/数据集	解释
Item	数据集某一行的对象
TargetItem	目标数据集某一行的对象
Item.列名	返回数据集中指定列的值
index	返回数据集某行的索引编号，编号起始为1
isFirst	如果数据集某行是第一行，则返回True，否则返回False
isLast	如果数据集某行是最后一行，则返回True，否则返回False
isEven	如果数据集某行是偶数行，则返回True，否则返回False
isOdd	如果数据集某行是奇数行，则返回True，否则返回False
isMarked	如果数据集某行被标记，则返回True，否则返回False
isVisible	如果数据集某行可见，则返回True，否则返回False

（续）

中继器/数据集	解释
Repeater	中继器的对象
visibleItemCount	返回中继器当前页中可见"项"的数量
itemCount	返回中继器已加载"项"的总数量，如果有筛选，则返回筛选后的数量
dataCount	返回中继器数据集中行的总数量，是否添加筛选均不会变化
pageCount	返回中继器分页的总页数
pageIndex	返回中继器当前页的页码

表4-12

布尔	解释
==	等于
!=	不等于
<	小于
<=	小于等于
>	大于
>=	大于等于
&&	逻辑与
||	逻辑或

4.4.4 课堂案例：生成4位验证码

素材位置 无
实例位置 实例文件>CH04>课堂案例：生成4位验证码.rp
视频名称 课堂案例：生成4位验证码.mp4
学习目标 掌握条件循环、函数、表达式的使用方法

实现效果：首次进入页面时自动生成4位验证码（大小写英文字母和数字），单击"换一张"按钮后，可更换验证码，如图4-59所示。

（1）把大小写英文字母和数字，共62个字符保存在一个全局变量中。

（2）从全局变量中随机抽取1个字符，保存在另一个全局变量中，连续抽取4次，并把每次抽取的字符拼接在一起。

（3）把抽取的4位字符显示在元件上。

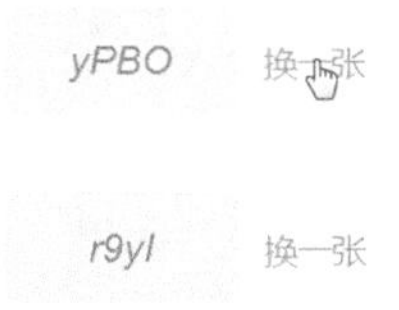

图4-59

01 向设计区域中拖入矩形元件，用于显示验证码，命名为showCode，注意不要添加任何文本内容，文本样式可自定义设置。拖入文本标签元件，放至showCode右侧，修改文本为"换一张"，如图4-60所示。

图4-60

02 选择菜单栏中的"项目>全局变量"命令，新增两个全局变量——source和makeCode。source用来存储大小写英文字母和数字这62个字符，makeCode用来存储生成的验证码，如图4-61所示。

①单击➕按钮新增两个全局变量。

②其中一个变量命名为source，设置默认值为"0123456789abcdefghij klmnopqrstuvwxyzABCDEFGHIJKLMNOPQRSTUVWXYZ"，另一个变量命名为makeCode，无默认值。

图4-61

03 制作页面打开时自动生成验证码，保存至makeCode变量中的效果，如图4-62所示。

①选中showCode矩形，单击属性面板中的"更多事件"下拉框，选择"载入时"事件，打开用例编辑器。

②单击"添加条件"按钮，打开"条件设立"对话框。

③依次设置条件参数为元件文字长度、showCode、<、值和4。

④添加"设置变量值"动作。

⑤在右侧的配置动作区域中勾选"makeCode"。

⑥选择"值"，单击右侧的 fx 按钮，打开"编辑文本"对话框。

⑦输入"[[makeCode]][[source.substr(Math.floor(Math.random()*62),1)]]"。

图4-62

提示 步骤3中使用的函数包含如下3种。

①数学函数random()：返回0~1之间的随机数（不含0和1）。

②数学函数floor(x)：向下取整数。

③字符串函数substr(start,length)：从文本中指定起始位置开始截取一定长度的字符串。

下面分析一下由这些函数组成的表达式。

①[[Math.random()]]：先随机生成0~1之间的随机数（不含边界值）。

②[[Math.random()*62]]：共62个字符，所以生成0~62之间的随机数（不含边界值）。

③[[Math.floor(Math.random()*62)]]：在62个位置中随机抽取一个位置，但Axure中第1位对应的序号是0，所以要把刚刚生成的随机数向下取整。向下取整后取值范围就变成了0~61，同样是62个位置，并且含边界，均为整数。

④ [[source.substr(Math.floor(Math.random()*62),1)]]：利用刚刚生成的随机数，在全局变量source中保存的62个字符里随机抽取1个字符。

⑤ [[makeCode]][[source.substr(Math.floor(Math.random()*62),1)]]：把刚刚随机抽取的字符和之前的字符拼接起来。

04 制作把保存在makeCode变量中的验证码显示出来的效果，如图4-63所示。

①不要关闭用例编辑器，继续添加"设置文本"动作。

②在右侧的配置动作区域中勾选"showCode（矩形）"。

③选择"变量值"，再选择"makeCode"。

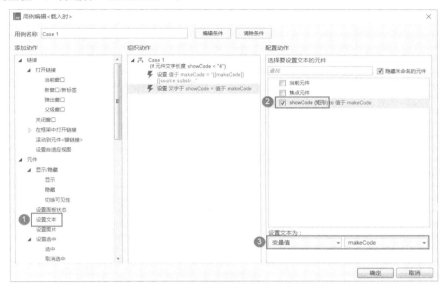

图4-63

05 制作循环执行步骤3和步骤4，直至showCode矩形的文字长度达到4位的效果，如图4-64所示。

①不要关闭用例编辑器，继续添加"触发事件"动作。

②在右侧的配置动作区域中勾选"showCode（矩形）"。

③勾选"载入时"。

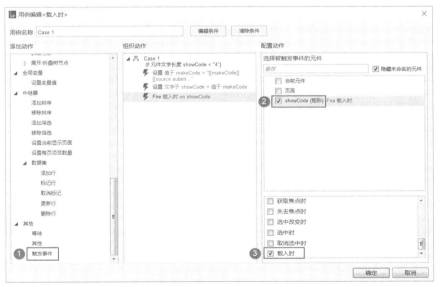

图4-64

06 制作单击"换一张"按钮时更新验证码的效果，如图4-65所示。

①选中"换一张"按钮，双击属性面板中的"鼠标单击时"事件，打开用例编辑器。

②分别添加"设置变量值"和"设置文本"动作，设置变量makeCode的值和showCode的文本为空。

③添加"触发事件"动作。

④在右侧的配置动作区域中勾选"showCode（矩形）"。

⑤勾选"载入时"。

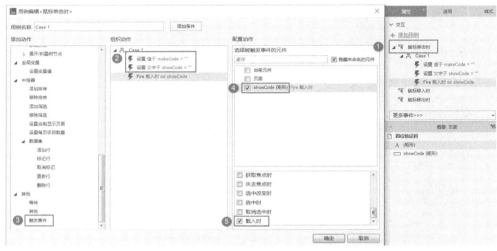

图4-65

07 完成，按F5键在浏览器中预览效果，如图4-66所示。

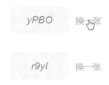

图4-66

4.5 母版自定义事件

母版为制作原型提供了很大的便利，如果同一个母版在各个页面中需要实现不同的交互效果，使用之前讲解的母版基础知识就无法满足需求了，需要使用自定义事件。

本节内容介绍

名称	作用	重要程度
自定义事件	作为母版内部和外部交互的"桥梁"	高

4.5.1 课堂案例：用母版制作菜单被选中时突出显示的效果

素材位置	无
实例位置	实例文件>CH04>课堂案例：用母版制作菜单被选中时突出显示的效果.rp
视频名称	课堂案例：用母版制作菜单被选中时突出显示的效果.mp4
学习目标	体验母版自定义事件的使用场景

实现效果：要求使用母版制作不同页面中的导航菜单，单击菜单项时跳转至对应的页面，且此菜单项突出显示，如图4-67所示。

图4-67

01 添加3个页面，分别命名为"用户管理""商品管理"和"订单管理"。

02 打开"用户管理"页面，向设计区域中拖入3个矩形1元件，制作3个菜单项，3个矩形从上至下依次命名为user、goods和order，如图4-68所示。

图4-68

03 选中user、goods和order 3个矩形，执行快捷菜单命令"转换为母版"，母版命名为menu，设置"拖放行为"为"固定位置"，如图4-69所示。

图4-69

04 打开menu母版，添加菜单的跳转链接，如图4-70所示。

①选中user矩形，双击属性面板中的"鼠标单击时"事件，打开用例编辑器。

②添加"打开链接"动作。

③在右侧的配置动作区域中选择"用户管理"。

图4-70

05 用同样的方法给goods矩形和order矩形添加页面跳转链接，分别跳转至"商品管理"和"订单管理"页面。

06 设置3个菜单被选中时的交互样式，如图4-71所示。

①选中user、goods和order 3个矩形，单击属性面板中的"选中"按钮，打开"交互样式设置"对话框。

②勾选"字体颜色"，设置为#FFFFFF。

③勾选"填充颜色"，设置为#999999。

图4-71

07 创建自定义事件，如图4-72所示。

①选择菜单栏中的"布局>管理母版自定义事件"命令，打开"管理自定义事件"对话框。

②单击 ➕ 按钮，创建自定义事件。

③命名为choose。

图4-72

08 给母版中的菜单绑定自定义事件，如图4-73所示。

①选中user矩形，单击属性面板中的"更多事件"下拉框，选择"载入时"事件，打开用例编辑器。

②添加"自定义事件"动作。

③在右侧的配置动作区域中勾选"choose"。

图4-73

09 用同样的方法给goods矩形和order矩形均绑定choose自定义事件。

10 在母版列表中的menu母版上执行快捷菜单命令"添加到页面中",将menu母版应用至"商品管理"和"订单管理"页面中,如图4-74所示。

11 制作单击"用户管理"菜单后高亮显示该菜单的效果,如图4-75所示。

①打开"用户管理"页面,选中menu母版,双击属性面板中的"choose"事件,打开用例编辑器。

②添加"选中"动作。

③在右侧的配置动作区域中勾选"user(矩形)"。

图4-74

图4-75

12 分别进入"商品管理"和"订单管理"页面,用同样的方法设置单击"商品管理"菜单和"订单管理"菜单时高亮显示的效果。

13 分别给"用户管理""商品管理"和"订单管理"页面添加一些内容，以示区分。

14 完成，按F5键在浏览器中预览效果，如图4-76所示。

图4-76

4.5.2 母版自定义事件详解

母版可以被应用到不同的页面中，实现页面元素的"复用"，提升制作原型的效率，降低维护成本。但如果同一个母版在各个页面中需要实现不同的交互效果，或母版内部的元件和外部元件发生交互，应该怎么办呢？

例如，页面A和页面B应用了同一个母版，该母版中有一个"个人中心"按钮，在页面A中单击"个人中心"按钮跳转至页面M，在页面B中单击"个人中心"按钮跳转至页面N。在这个例子中，"个人中心"按钮的跳转链接有两个，后续又可能会增加页面P、页面Q，显然无法按照之前的方法直接添加动作，这就需要用到母版的自定义事件。

1.自定义事件的应用

下面使用母版自定义事件来解决上面的问题。

（1）添加4个页面，分别命名为"页面A""页面B""页面M"和"页面N"。

（2）新建母版head，并简单排版，如图4-77所示。

图4-77

（3）创建自定义事件，如图4-78所示。

①选中head母版中的"个人中心"按钮，双击属性面板中的"鼠标单击时"事件，打开用例编辑器。

②添加"自定义事件"动作。

③在右侧的配置动作区域中单击➕按钮创建自定义事件。

④命名为userCenter，并勾选它。

图4-78

提示 在用例编辑器里添加自定义事件后，切记一定要勾选该事件，否则不起作用。

（4）在母版列表中的head母版上执行快捷菜单命令"添加到页面中"，将head母版应用至页面A和页面B中，如图4-79所示。

图4-79

（5）对页面M和页面N进行简单的排版，以示区分。

（6）进入页面A，制作"个人中心"的跳转链接，如图4-80所示。

①选中head母版，双击属性面板中的userCenter事件，打开用例编辑器。

②添加"打开链接"动作。

③在右侧的配置动作区域中选择"页面M"。

图4-80

（7）进入页面B，制作"个人中心"的跳转链接，如图4-81所示。

①选中head母版，双击属性面板中的userCenter事件，打开用例编辑器。

②添加"打开链接"动作。

③在右侧的配置动作区域中选择"页面N"。

图4-81

（8）完成，按F5键在浏览器中预览效果，单击"个人中心"按钮，可以跳转至不同的页面。

2.管理自定义事件

在编辑母版时，选择菜单栏中的"布局>管理母版自定义事件"命令，打开"管理自定义事件"对话框，可以添加自定义事件、对自定义事件进行排序和删除操作，如图4-82所示。

图4-82

提示 必须要打开母版，进入母版的设计区域，否则菜单栏中的"布局>管理母版自定义事件"命令为灰色，处于被禁用状态。

3.图解自定义事件

如果对自定义事件的理解还不够透彻，可以通过示意图的形式对上述案例的制作思路进行剖析。

（1）先来看在不使用母版的情况下如何实现上述案例的效果，如图4-83所示。

①选择"个人中心"按钮。

②双击"鼠标单击时"事件，添加用例。

③添加"打开链接"动作。

图4-83

（2）在使用母版时，引入自定义事件作为母版内部和外部沟通的"桥梁"，实现母版内部元件和外部元件之间的交互，如图4-84所示。

先设置好母版内部的交互。

①在母版内选中"个人中心"按钮。

②双击"鼠标单击时"事件，添加用例。

③添加并选中"userCenter"自定义事件。

再通过userCenter事件实现母版的内外交互。

④选中母版。

⑤双击userCenter事件，添加用例。

⑥添加"打开链接"动作。

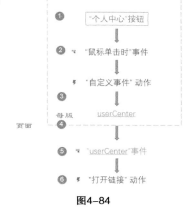

图4-84

4.6 课堂练习

下面准备了两个练习供读者练习本章的操作，在每个练习的后面已经给出了相应的制作提示，读者可以根据相关提示，结合前面的课堂案例来进行操作。

4.6.1 课堂练习：二级联动下拉菜单

素材位置	无
实例位置	实例文件>CH04>课堂练习：二级联动下拉菜单.rp
视频名称	课堂练习：二级联动下拉菜单.mp4
学习目标	掌握条件用例的使用方法

要求选择不同的一级下拉菜单项时显示对应的二级菜单项，如图4-85所示。

图4-85

4.6.2 课堂练习：增减购物车中的商品数量

素材位置	素材文件>CH04>课堂练习：增减购物车中的商品数量
实例位置	实例文件>CH04>课堂练习：增减购物车中的商品数量.rp
视频名称	课堂练习：增减购物车中的商品数量.mp4
学习目标	掌握条件用例、变量、表达式、中继器的使用方法

要求制作增减App购物车中的商品数量效果，如图4-86所示。

（1）使用中继器制作商品列表。

（2）单击每个商品右侧的"+"，对应商品的数量增加1；单击每个商品右侧的"-"，对应商品的数量减少1。

（3）当商品数量减少至1个，再次单击"-"时，提示"商品数量最少为1"。

图4-86

4.7 课后习题

在本章最后，准备了两个习题，读者可以在空余时间来做一做，巩固一下本章的知识。

4.7.1 课后习题：登录时增加4位验证码的校验

素材位置	无
实例位置	实例文件>CH04>课后习题：登录时增加4位验证码的校验.rp
视频名称	课后习题：登录时增加4位验证码的校验.mp4
学习目标	掌握条件用例、函数、表达式使用方法及应用场景

要求在登录时进行用户名、密码和验证码的校验，如图4-87所示。

（1）输入用户名"admin"、密码"123456"时，验证码正确（不区分大小写），跳转至欢迎页。

（2）若验证码输入错误，不进行用户名和密码的校验，直接提示"验证码错误"。

（3）若验证码输入正确，用户名或密码输入错误，则提示"用户名或密码错误"。

（4）在欢迎页中单击"退出"按钮，返回至登录页，并生成新的4位验证码。

图4-87

4.7.2 课后习题：利用母版自定义事件显示不同的个人信息

素材位置	素材文件>CH04>课后习题：利用母版自定义事件显示不同的个人信息
实例位置	实例文件>CH04>课后习题：利用母版自定义事件显示不同的个人信息.rp
视频名称	课后习题：利用母版自定义事件显示不同的个人信息.mp4
学习目标	掌握母版自定义事件的使用方法及应用场景

要求在页面A和页面B中应用同一个"个人信息"母版，在两个页面中显示不同的图片和文字信息，如图4-88所示。

图4-88

第 **5** 章 中继器进阶

本章以课堂案例的形式，详细讲解中继器的高级功能，包括对数据的排序、筛选、分页和编辑数据集。学完本章内容，读者可以掌握使用中继器对数据进行动态操作的方法。

- -

课堂学习目标

● 掌握中继器的排序功能
● 掌握中继器的筛选功能
● 掌握中继器的分页功能
● 掌握编辑中继器数据集的功能

5.1 中继器排序

本节以学生成绩单为例，按3种类型对其中的数据进行升序和降序排列，以讲解中继器的"排序"与"移除排序"功能。

本节内容介绍

名称	作用	重要程度
添加排序	按照数字、文本、日期3种类型对数据进行排序	高
移除排序	移除指定排序方式或全部排序方式	高

5.1.1 课堂案例：添加排序方式

素材位置	无
实例位置	实例文件>CH05>课堂案例：中继器排序.rp
视频名称	课堂案例：添加排序方式.mp4
学习目标	掌握使用中继器给列表数据添加排序方式的方法

实现效果：本小节使用中继器制作一个学生成绩单，并分别按照表中的"班级""出生日期"和"总分"3个字段进行排序，如图5-1所示。

中继器命名为student，数据集字段是id、name、class、birthday和score，分别代表"学号""姓名""班级""出生日期"和"总分"，在数据集中填写9条数据（数据的条数和内容可自定义），数据列表的每行高度设置为40像素。绑定数据的过程本小节就不再赘述了，直接讲解添加排序方式的操作步骤。

学号	姓名	班级	出生日期	总分
2001	小明	高一（1）班	1998-09-20	83
2002	小红	高一（1）班	1998-08-13	85
2003	小风	高一（3）班	1999-01-31	65
2004	小兰	高一（2）班	1998-04-25	88
2005	小凤	高一（2）班	1999-11-24	96
2006	小华	高一（1）班	1998-05-08	53
2007	小琪	高一（2）班	1999-08-30	78
2008	小菊	高一（3）班	1998-12-30	92
2009	小花	高一（3）班	1998-03-12	66

图5-1

01 添加按照表头中的"班级"字段进行排序（按文本类型排序）的方式，如图5-2所示。

①选中表头中的"班级"矩形，双击属性面板中的"鼠标单击时"事件，打开用例编辑器。

②添加"添加排序"动作。

③在右侧的配置动作区域中勾选"student（中继器）"。

④输入排序方式名称"按班级排序"（名称可自定义），设置"属性"为class，"排序类型"为Text，"顺序"为"切换"，"默认"为"升序"。

图5-2

02 添加按照表头中的"出生日期"字段进行排序（按日期类型排序）的方式，如图5-3所示。

①选中表头中的"出生日期"矩形，双击属性面板中的"鼠标单击时"事件，打开用例编辑器。

②添加"添加排序"动作。

③在右侧的配置动作区域中勾选"student（中继器）"。

④输入排序方式名称"按出生日期排序"（名称可自定义），选择"属性"为birthday，"排序类型"为Date-YYYY-MM-DD，"顺序"为"切换"，"默认"为"升序"。

图5-3

03 添加按照表头中的"总分"字段进行排序（按数字类型排序）的方式，如图5-4所示。

①选中表头中的"总分"矩形，双击属性面板中的"鼠标单击时"事件，打开用例编辑器。

②添加"添加排序"动作。

③在右侧的配置动作区域中勾选"student（中继器）"。

④输入排序方式名称"按分数排序"（名称可自定义），设置"属性"为score，"排序类型"为Number，"顺序"为"切换"，"默认"为"升序"。

图5-4

04 完成后，按F5键在浏览器中预览效果。单击表头中的"班级"矩形，按照升序对班级进行排序，如图5-5

所示。再次单击"班级"矩形，按照降序对班级进行排序。"出生日期"和"总分"同理。

学号	姓名	班级	出生日期	总分
2001	小明	高一（1）班	1998-09-20	83
2002	小红	高一（1）班	1998-08-13	85
2006	小华	高一（1）班	1998-05-08	53
2004	小兰	高一（2）班	1998-04-25	88
2005	小凤	高一（2）班	1999-11-24	96
2007	小琪	高一（2）班	1999-08-30	78
2003	小凤	高一（3）班	1999-01-31	65
2008	小菊	高一（3）班	1998-12-30	92
2009	小花	高一（3）班	1998-03-12	66

图5-5

提示　在用例编辑器中的"排序类型"中选择"Text（Case Sensitive）"时，代表按照文本排序，且区分大小写。
按日期排序时，数据集中的日期必须符合YYYY-MM-DD或DD/MM/YYYY的格式。

5.1.2 课堂案例：移除排序方式

素材位置　无
实例位置　实例文件>CH05>课堂案例：中继器排序.rp
视频名称　课堂案例：移除排序方式.mp4
学习目标　掌握使用中继器移除列表数据排序方式的方法

实现效果：单击"移除排序"按钮，成绩单恢复原始排序方式。

01 拖入一个按钮，放至列表右上方，文本修改为"移除排序"。

02 制作单击"移除排序"按钮时成绩单中的数据恢复原始排序方式的效果，如图5-6所示。

①选中"移除排序"按钮，双击属性面板中的"鼠标单击时"事件，打开用例编辑器。

②添加"移除排序"动作。

③在右侧的配置动作区域中勾选"student（中继器）"。

④勾选"移除全部排序"。

图5-6

03 完成，按F5键在浏览器中预览效果，如图5-7所示。

清除排序

学号	姓名	班级	出生日期	总分
2001	小明	高一（1）班	1998-09-20	83
2002	小红	高一（1）班	1998-08-13	85
2003	小风	高一（3）班	1999-01-31	65
2004	小三	高一（2）班	1998-04-25	88
2005	小凤	高一（2）班	1999-11-24	96
2006	小华	高一（1）班	1998-05-08	53
2007	小琪	高一（2）班	1999-08-30	78
2008	小菊	高一（3）班	1998-12-30	92
2009	小花	高一（3）班	1998-03-12	66

图5-7

提示 如果要移除某个指定的排序方式，只需要在配置动作区域中输入被移除的排序方式名称即可，如图5-8所示。

☐ 移除全部排序

被移除的排序名称 _____

图5-8

5.2 中继器筛选

本节继续以学生成绩单为例，为学生的总分划分区间，按照不同的区间进行筛选，讲解中继器的"筛选"与"移除筛选"功能。

本节内容介绍

名称	作用	重要程度
添加筛选	按照指定条件对数据进行筛选	高
移除筛选	移除指定筛选方式或全部筛选方式	高

5.2.1 课堂案例：添加筛选方式

素材位置	无
实例位置	实例文件>CH05>课堂案例：中继器筛选.rp
视频名称	课堂案例：添加筛选方式.mp4
学习目标	掌握使用中继器给列表数据添加筛选方式的方法

实现效果：在之前的学生成绩单的基础上，把学生总分划分为"0~59""60~69""70~84"和"85~100"4个区间，按照上述区间进行筛选，如图5-9所示。

图5-9

筛选功能一般配合下拉列表框、单选按钮或复选框等表单元件使用。

01 拖入下拉列表框，放至学生成绩单上方，作为分数段的选择框，设置列表项为"所有分数""85~100""70~84""60~69"和"0~59"，如图5-10所示。

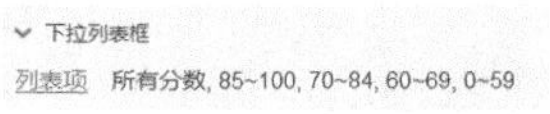

▼ 下拉列表框
列表项 所有分数, 85~100, 70~84, 60~69, 0~59

图5-10

02 选择下拉列表框中的"85~100"选项，筛选所有分数为85~100分（含边界值）的学生，如图5-11所示。

①选中分数段下拉列表框，双击属性面板中的"选项改变时"事件，打开用例编辑器。

②单击"添加条件"按钮，打开条件设立对话框。

③依次设置条件参数为被选项、This、==、选项和85~100，单击"确定"按钮。

④添加"添加筛选"动作。

⑤在右侧的配置动作区域中勾选"student（中继器）"。

⑥勾选"移除其他筛选"。

⑦输入名称"优"（名称可自定义），输入条件"[[Item.score >= 85 && Item.score <=100]]"，也可以单击 **fx** 按钮进行编辑。

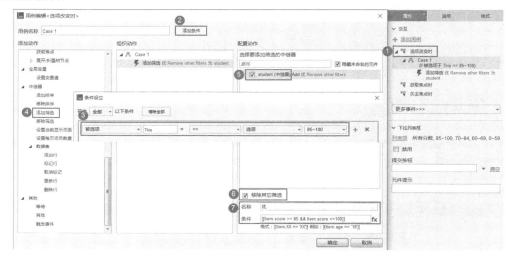

图5-11

> **提示** [[Item.score >= 85 && Item.score <=100]]的含义为分数大于等于85且小于等于100。
>
> &&的含义为"且"。
>
> 如果条件的判断值为文本，如筛选所在班级为"高一（1）班"的学生，则输入条件"[[Item.class == '高一（1）班']]"（注意：应该用英文的单引号）。

03 用同样的方法筛选分数段为"70~84""60~69"和"0~59"的学生，如图5-12所示。

04 完成，按F5键在浏览器中预览效果，如图5-13所示。

图5-12   **图5-13**

5.2.2 课堂案例：移除筛选方式

素材位置	无
实例位置	实例文件>CH05>课堂案例：中继器筛选.rp
视频名称	课堂案例：移除筛选方式.mp4
学习目标	掌握使用中继器移除列表数据筛选方式的方法

实现效果：选择"所有分数"选项，成绩单中显示所有学生的数据。

01 选择"所有分数"选项，显示所有学生，如图5-14所示。

①选中分数段下拉列表框，双击属性面板中的"选项改变时"事件，打开用例编辑器。

②因为其他分数段均已被添加了条件，"所有分数"选项为最后一项，所以无须添加条件，直接添加"移除筛选"动作。

③在右侧的配置动作区域中勾选"student（中继器）"。

④勾选"移除全部筛选"。

图5-14

02 完成，按F5键在浏览器中预览效果，如图5-15所示。

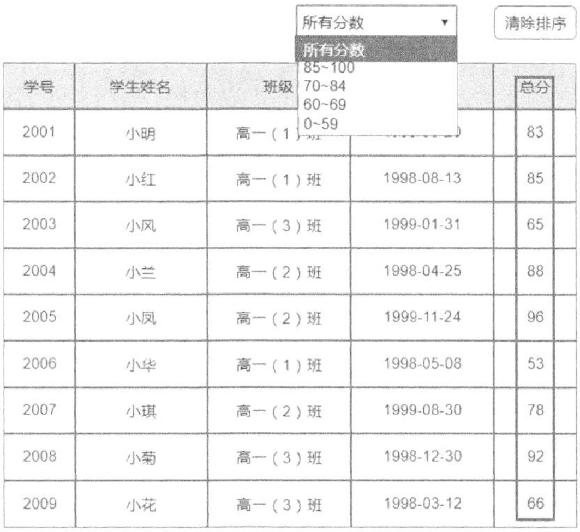

学号	学生姓名	班级		总分
2001	小明	高一（1）班		83
2002	小红	高一（1）班	1998-08-13	85
2003	小风	高一（3）班	1999-01-31	65
2004	小兰	高一（2）班	1998-04-25	88
2005	小凤	高一（2）班	1999-11-24	96
2006	小华	高一（1）班	1998-05-08	53
2007	小琪	高一（2）班	1999-08-30	78
2008	小菊	高一（3）班	1998-12-30	92
2009	小花	高一（3）班	1998-03-12	66

图5-15

提示 如果要移除某个指定的筛选方式，只需要在配置动作区域中输入被移除的筛选名称即可，如图5-16所示。

☐ 移除全部筛选
被移除的筛选名称 _____

图5-16

5.3 中继器分页

当列表中的数据较多时，利用中继器可以做出"分页"的交互效果。本节继续以学生成绩单为例，讲解中继器"分页"功能和"设置每页显示数据条数"功能。

本节内容介绍

名称	作用	重要程度
分页	对中继器里的数据进行分页展示	高
设置每页显示条数	设置中继器在分页时每页显示的数据条数	高

5.3.1 课堂案例：切换分页

素材位置	无
实例位置	实例文件>CH05>课堂案例：中继器分页.rp
视频名称	课堂案例：切换分页.mp4
学习目标	掌握使用中继器对列表数据进行分页展示的方法

实现效果：在之前的学生成绩单的基础上，对数据进行分页展示，制作"上一页""下一页"和跳转至指定页面效果，如图5-17所示。

图5-17

01 选中student中继器，在"检视：中继器"功能区的"样式"面板中勾选"多页显示"，设置"每页项目数"为5，"起始页"为1，如图5-18所示。

图5-18

02 拖入4个矩形，放至列表下方，将文本分别修改为"上一页""1""2"和"下一页"。

03 制作单击"下一页"按钮时切换至下一页的学生数据的效果，如图5-19所示。

①选中"下一页"按钮，双击属性面板中的"鼠标单击时"事件，打开用例编辑器。

②添加"设置当前显示页面"动作。

③在右侧的配置动作区域中勾选"student（中继器）"。

④选择页面为Next。

图5-19

04 制作单击"上一页"按钮时切换至上一页的学生数据的效果，如图5-20所示。

①选中"上一页"按钮，双击属性面板中的"鼠标单击时"事件，打开用例编辑器。

②添加"设置当前显示页面"动作。

③在右侧的配置动作区域中勾选"student（中继器）"。

④选择页面为Previous。

图5-20

05 制作单击"1"按钮时跳转至第一页的学生数据的效果，如图5-21所示。

①选中"1"按钮，双击属性面板中的"鼠标单击时"事件，打开用例编辑器。

②添加"设置当前显示页面"动作。

③在右侧的配置动作区域中勾选"student（中继器）"。

④选择页面为Value，设置"输入页码"为1。

图5-21

06 用同样的方法制作单击"2"按钮时跳转至第二页的学生数据的效果。

07 完成，按F5键在浏览器中预览效果，如图5-22所示。

图5-22

5.3.2 课堂案例：动态设置每页显示的数据条数

素材位置	无
实例位置	实例文件>CH05>课堂案例：中继器分页.rp
视频名称	课堂案例：动态设置每页显示的数据条数.mp4
学习目标	掌握使用中继器对列表数据进行分页展示的方法

实现效果：输入每页显示的数据条数，单击"确定"按钮，成绩单按照输入的数字改变每页显示的条数，如图5-23所示。

图5-23

01 拖入文本框元件，放至数据列表下方，命名为dataNumber，用于输入每页显示的数据条数。在文本框右侧拖入按钮元件，修改文本为"确定"，如图5-24所示。

图5-24

02 制作在文本框中输入大于0的数字，单击"确定"按钮时根据输入的数字改变每页显示的条数的效果，如图5-25所示。

①选中"确定"按钮，双击属性面板中的"鼠标单击时"事件，打开用例编辑器。

②单击"添加条件"按钮，打开"条件设立"对话框。

③依次设置条件参数为元件文字、dataNumber、>、值和0。

④添加"设置每页项目数量"动作。

⑤在右侧的配置动作区域中勾选"student（中继器）"。

⑥单击 **fx** 按钮，打开"编辑值"对话框。

⑦添加局部变量LVAR1，设置值为元件文字，选择dataNumber。

⑧输入"[[LVAR1]]"，单击"确定"按钮。

图5-25

03 按F5键在浏览器中预览效果，当每页显示条数发生变化时，列表下方的文本框和页码按钮的位置都不发生变化，列表高度增大时会覆盖到它们的上面，列表高度减小时会远离它们，非常难看，如图5-26所示。

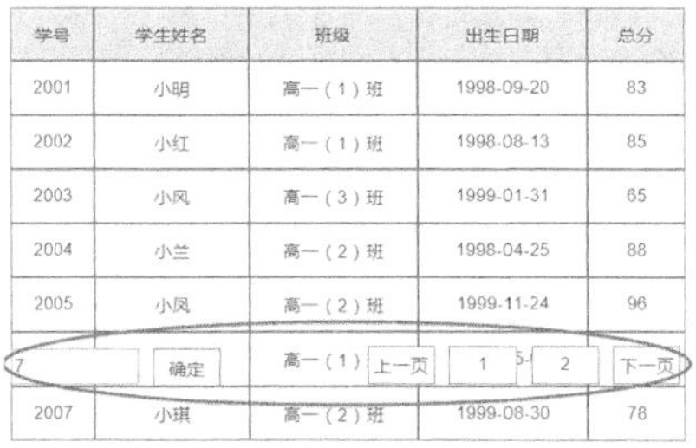

学号	学生姓名	班级	出生日期	总分
2001	小明	高一（1）班	1998-09-20	83
2002	小红	高一（1）班	1998-08-13	85
2003	小凤	高一（3）班	1999-01-31	65
2004	小兰	高一（2）班	1998-04-25	88
2005	小凤	高一（2）班	1999-11-24	96
7	确定	高一（1）上一页 1 2 下一页		
2007	小琪	高一（2）班	1999-08-30	78

图5-26

所以要根据列表的高度灵活移动文本框和页码按钮。为了方便描述，把列表下方的**dataNumber**文本框、"确定"按钮、"上一页"按钮、"1"按钮、"2"按钮和"下一页"按钮统称为"分页设置区域"。接下来梳理一下制作思路。

①修改每页显示的数据条数时，垂直移动"分页设置区域"，移动的高度就是数据列表增加的高度。

②列表高度的增加值=每行的高度×增加的行数（本案例中列表中每行的高度为40像素，即高度的变化值=40×增加的行数）。

③增加的行数是不确定的，如默认每页显示5条，如果输入的值为6，则增加的行数为6 − 5=1条；如果在此基础上修改输入的值为4，则增加的行数为4 − 6 = −2条，所以难点在于如何获取每次增加的行数。

04 选择菜单栏中的"项目>全局变量"命令，添加一个全局变量num，设置默认值为5，用于保存当前中继器显示的行数，如图5-27所示。

图5-27

05 将dataNumber文本框、"确定"按钮、"上一页"按钮、"1"按钮、"2"按钮和"下一页"按钮组合为一个整体，命名为page。

06 制作当单击"确定"按钮时先保存当前中继器显示的行数的效果，如图5-28所示。

①在page组合中的"确定"按钮上慢速单击两次鼠标，选中"确定"按钮，双击属性面板中"鼠标单击时"事件的Case 1用例，打开用例编辑器。

②添加"设置变量值"动作。

③在右侧的配置动作区域中勾选"num"。

④设置全局变量值为"值"，单击 fx 按钮，打开"编辑文本"对话框。

⑤添加局部变量LVAR1，设置值为元件，选择student。

⑥输入"[[LVAR1.visibleItemCount]]"。

⑦在组织动作区域中拖动动作，改变动作的执行顺序。

图5-28

> **提示** 可以在函数列表中查询到，visibleItemCount的含义是返回中继器当前页中可见"项"的数量。[[LVAR1.visibleItemCount]]即student中继器当前显示的列表行数。

07 制作移动"分页设置区域"的效果，如图5-29所示。

①不要关闭用例编辑器，在"设置每页项目数量"动作后面继续添加"移动"动作。

②在右侧的配置动作区域中勾选"page（组合）"。

③选择"相对位置"，设置x方向为0，单击"y"右侧的 **fx** 按钮。

④添加局部变量LVAR1，设置值为元件文字，选择dataNumber。

⑤输入"[[(LVAR1 - num)＊40]]"。

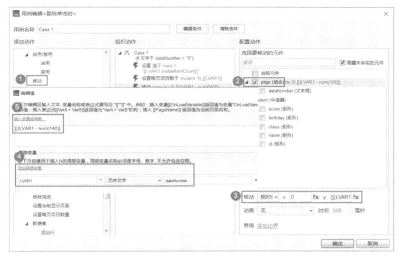

图5-29

> **提示** [[(LVAR1 - num)＊40]]的含义为本次列表增加的高度，分解如下。
>
> LVAR1，局部变量，获取了dataNumber文本框中输入的数字，即最新的列表行数。
>
> LVAR1 - num，用最新的列表行数减去上一次的列表行数，即本次列表增加的行数。
>
> (LVAR1 - num)＊40，用增加的行数乘以每行的高度，就是本次列表增加的高度。

08 完成，按F5键在浏览器中预览效果，如图5-30所示。

学号	学生姓名	班级	出生日期	总分
2001	小明	高一（1）班	1998-09-20	83
2002	小红	高一（1）班	1998-08-13	85
2003	小凤	高一（3）班	1999-01-31	65
2004	小兰	高一（2）班	1998-04-25	88
2005	小凤	高一（2）班	1999-11-24	96
2006	小绿	高一（1）班	1998-05-08	53

学号	学生姓名	班级	出生日期	总分
2001	小明	高一（1）班	1998-09-20	83
2002	小红	高一（1）班	1998-08-13	85
2003	小凤	高一（3）班	1999-01-31	65
2004	小兰	高一（2）班	1998-04-25	88

图5-30

思考

在进行数据的筛选和页的切换时，列表的高度也会发生变化，是否也会存在上述问题呢？根据上面的思路，把5.2.1和5.3.1小节中的交互效果完善一下吧。

5.4 编辑中继器数据集

中继器可以实现新增数据和对数据的删、改和标记操作。本节以教师信息表为例，讲解中继器的"添加行""标记行""取消标记行""删除行"和"更新行"的功能。

本节内容介绍

名称	作用	重要程度
添加行	用于给中继器数据集添加新数据	高
标记行、取消标记行	用于对数据集的数据进行标记或取消标记	高
删除行	用于删除数据集中的数据	高
更新行	用于更新数据集中的数据	高

使用中继器制作一张教师信息表。

5.4.1 课堂案例：添加行

素材位置	无
实例位置	实例文件>CH05>课堂案例：编辑中继器数据集.rp
视频名称	课堂案例：添加行.mp4
学习目标	掌握为中继器数据集新增数据行的操作方法

实现效果：输入教师姓名，选择科目，单击"添加"按钮，把该条数据添加至教师信息表中，列表中自动增加一个序号，序号的值为上一行的序号加1，如图5-31所示。

图5-31

中继器命名为teacher，包含复选框、序号、教师姓名、科目和操作共5列，数据集字段为name和subject，分别代表"教师姓名"和"科目"，注意"序号"列的数据不保存在数据集中。绑定数据的过程本小节不再赘述，直接讲解序号自增和添加行的操作步骤。

01 从函数列表中可以查询到index函数的含义为返回数据集某行的索引编号，编号起始为1。利用它来实现序号的自增效果，如图5-32所示。

①选中teacher中继器，双击属性面板中的"每项加载时"事件，打开用例编辑器。

②添加"设置文本"动作。

③在右侧的配置动作区域中勾选"id（单元格）"。

④设置文本为"值"，输入"[[Item.index]]"，或单击 fx 按钮，选择函数。

图5-32

02 在教师信息表上方拖入文本框元件，命名为nameInput，提示
文字设置为"请输入教师姓名"。拖入下拉列表框元件，命名为
subjectList，设置列表项为"语文""数学"和"英语"。拖入按钮元
件，修改文本为"添加"，如图5-33所示。

图5-33

03 制作单击"添加"按钮时把文本框中所输入的内容添加至教师信息表中的效果，如图5-34所示。

①选中"添加"按钮，双击属性面板中的"鼠标单击时"事件，打开用例编辑器。

②添加"添加行"动作。

③在右侧的配置动作区域中勾选"teacher（中继器）"。

④单击"添加行"按钮，打开"添加行到中继器"对话框。

⑤单击name列的 fx 按钮，打开"编辑值"对话框。

⑥添加局部变量LVAR1，设置值为元件文字，选择nameInput。

⑦单击"插入变量或函数"，选择LVAR1，单击"确定"按钮。

图5-34

04 接着制作把下拉列表框中所选的内容添加至教师信息列表中的效果，如图5-35所示。

①不要关闭"添加行到中继器"对话框，单击subject列的 fx 按钮，打开"编辑值"对话框。

②添加局部变量LVAR2，设置值为被选项，选择subjectList。

③单击"插入变量或函数"，选择LVAR2，单击"确定"按钮。

05 完成，按F5键在浏览器中预览效果，如图5-36所示。

图5-35 图5-36

思考

在添加教师信息时，完整的流程应该是先判断输入的教师姓名（即nameInput文本框中输入的内容）是否为空，在不为空的情况下添加行；若为空，则应该进行文字提示，读者可以自行完善交互效果。

5.4.2 课堂案例：标记行和取消标记行

素材位置	无
实例位置	实例文件>CH05>课堂案例：编辑中继器数据集.rp
视频名称	课堂案例：标记行和取消标记行.mp4
学习目标	掌握对中继器数据集进行标记行操作、取消标记行操作的方法

实现效果：对数据集进行标记行操作、取消标记行操作后，没有视觉上的效果展示，只是对数据集状态的一种设置。

01 将teacher中继器的"项"中的复选框命名为choose，如图5-37所示。

图5-37

02 制作勾选某一行的复选框时该行被选中的效果，如图5-38所示。

①选中"项"里面的复选框choose，双击属性面板中的"选中时"事件，打开用例编辑器。

②添加"标记行"动作。

③在右侧的配置动作区域中勾选"teacher（中继器）"。

④选择This。

图5-38

03 制作取消勾选某一行的复选框时该行被取消选中的效果，如图5-39所示。

①选中"项"里面的复选框choose，双击属性面板中的"取消选中时"事件，打开用例编辑器。

②添加"取消标记"动作。

③在右侧的配置动作区域中勾选"teacher（中继器）"。

④选择This。

图5-39

04 完成，但如果只执行上述步骤，在浏览器中预览时是没有"标记行"和"取消标记"效果的，一般需要配合其他动作使用。

提示 按照传统的思维，所谓"标记"，就是给某个东西做上记号，所以可能有读者认为"标记行"和"取消标记"后，对应的"项"会有不一样的颜色、不一样的标注等，这是错误的理解。对于软件来说，"标记行"和"取消标记"只是对中继器数据集状态的一种设置，这些状态可能会对应不同的外在表现形式，如显示为不同的颜色，可以对被"标记"的行进行编辑和删除等操作。

5.4.3 课堂案例：删除行

素材位置	无
实例位置	实例文件>CH05>课堂案例：编辑中继器数据集.rp
视频名称	课堂案例：删除行.mp4
学习目标	掌握对中继器数据集进行删除行操作的方法

实现效果：单击某一行数据右侧的"删除"按钮，该行数据被删除；勾选首列复选框，单击"删除所选"按钮，可以删除所选行；表头中复选框的作用是全选/取消全选，如图5-40所示。

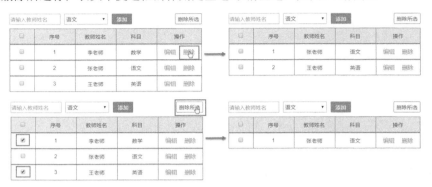

图5-40

`01` 拖入按钮，放至教师信息表右上方，修改文本为"删除所选"，将表头中的复选框命名为chooseAll，其作用为全选和取消全选，如图5-41所示。

图5-41

`02` 制作单击某一行的"删除"按钮时该行数据被删除的效果，如图5-42所示。

①选中"项"里面的"删除"按钮，双击属性面板中的"鼠标单击时"事件，打开用例编辑器。

②添加"删除行"动作。

③在右侧的配置动作区域中勾选"teacher（中继器）"。

④选择This。

图5-42

03 制作单击表头中的复选框时，表格被全选的效果，如图5-43所示。

①选中chooseAll复选框，双击属性面板中的"选中时"事件，打开用例编辑器。

②添加"选中"动作。

③在右侧的配置动作区域中勾选"choose（复选框）"（choose为"项"中的复选框）。

图5-43

04 制作再次单击表头中的复选框时表格被取消全选的效果，如图5-44所示。

①选中chooseAll复选框，双击属性面板中的"取消选中时"事件，打开用例编辑器。

②添加"取消选中"动作。

③在右侧的配置动作区域中勾选"choose（复选框）"。

图5-44

05 制作单击"删除所选"按钮时所选数据被删除的效果，如图5-45所示。

①选中"删除所选"按钮，双击属性面板中的"鼠标单击时"事件，打开用例编辑器。

②添加"删除行"动作。

③在右侧的配置动作区域中勾选teacher。

④选择"已标记"。

⑤添加"取消选中"动作，在右侧的配置动作区域中勾选"chooseAll（复选框）"。

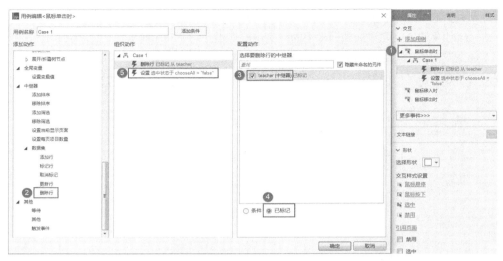

图5-45

06 完成，按F5键在浏览器中预览效果，如图5-46所示。

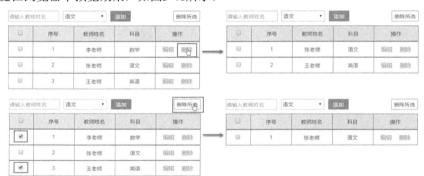

图5-46

5.4.4 课堂案例：更新行

素材位置	无
实例位置	实例文件>CH05>课堂案例：编辑中继器数据集.rp
视频名称	课堂案例：更新行.mp4
学习目标	掌握对中继器数据集进行更新行操作的方法

实现效果：单击某一行右侧的"编辑"按钮，在弹出的编辑框中修改数据，保存后，把该行数据更新为修改后的内容，如图5-47所示。

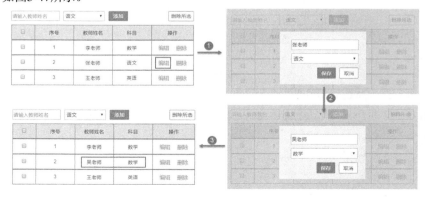

图5-47

先制作一个编辑弹框，用于编辑所选教师的姓名和科目。

`01` 拖入文本框元件，放至空白处，命名为editName；拖入下拉列表框，放至空白处，命名为editSubject，设置列表项为"语文""数学"和"英语"。

`02` 拖入两个按钮，放至下拉列表框下方，分别修改文本为"保存"和"取消"，再拖入矩形，充当弹框底色，调整弹框内部各元件的层级关系，如图5-48所示。

图5-48

`03` 组合上述元件，命名为edit，并移动至教师信息表上方，置于顶层，并隐藏（注意是隐藏整个edit组合，不是隐藏组合内的元件），如图5-49所示。

图5-49

接下来制作编辑某一行的数据并保存后，更新该行数据的效果。

`01` 制作单击某一行的"编辑"按钮时显示编辑弹框的效果，如图5-50所示。

①选中"项"里面的"编辑"按钮，双击属性面板中的"鼠标单击时"事件，打开用例编辑器。

②添加"显示"动作。

③在右侧的配置动作区域中勾选"edit（组合）"。

④设置更多选项为"灯箱效果"。

图5-50

02 制作弹框中的文本框中默认显示当前行的教师姓名的效果，如图5-51所示。

①不要关闭用例编辑器，继续添加"设置文本"动作。

②在右侧的配置动作区域中勾选"editName（文本框）"。

③设置文本为"值"，输入"[[Item.name]]"，也可以单击 fx 按钮，选择函数。

图5-51

03 制作弹框中的下拉列表框中默认选择当前行的科目的效果，如图5-52所示。

①不要关闭用例编辑器，继续添加"设置列表选中项"动作。

②在右侧的配置动作区域中勾选"editSubject（下拉列表框）"。

③设置被选项为"值"，输入"[[Item.subject]]"，也可以单击 fx 按钮，选择函数。

图5-52

04 制作标记当前行的效果，如图5-53所示。

①不要关闭用例编辑器，继续添加"标记行"动作。

②在右侧的配置动作区域中勾选"teacher（中继器）"。

③选择This。

图5-53

05 制作单击编辑弹框中的"保存"按钮时更新该行的教师姓名的效果，如图5-54所示。

①在编辑弹框的"保存"按钮上慢速单击两次鼠标，选中"保存"按钮，双击属性面板中的"鼠标单击时"事件，打开用例编辑器。

②添加"更新行"动作。

③在右侧的配置动作区域中勾选"teacher（中继器）"。

④选择"已标记"。

⑤选择列为name，单击 fx 按钮，打开"编辑值"对话框。

⑥添加局部变量为LVAR1，设置值为元件文字，选择editName。

⑦单击"插入变量或函数"，选择LVAR1，单击"确定"按钮。

图5-54

06 制作更新该行的科目的效果，如图5-55所示。

①不要关闭用例编辑器，选择列为subject，单击 fx 按钮，打开"编辑值"对话框。

②添加局部变量LVAR2，设置值为被选项，选择editSubject。

③单击"插入变量或函数"，选择LVAR2，单击"确定"按钮。

图5-55

07 制作隐藏编辑弹框的效果，如图5-56所示。

①不要关闭用例编辑器，添加"隐藏"动作。

②在右侧的配置动作区域中勾选"edit（组合）"。

图5-56

08 制作单击编辑弹框中的"取消"按钮时直接隐藏编辑弹框的效果，操作与步骤7相同。

09 完成，按F5键在浏览器中预览效果，如图5-57所示。

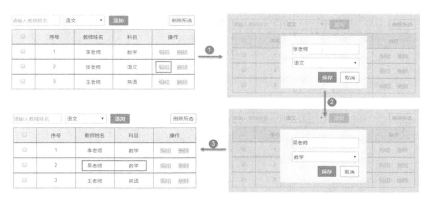

图5-57

5.5 课堂练习：跨页面添加列表数据

素材位置	无
实例位置	实例文件>CH05>课堂练习：跨页面添加列表数据.rp
视频名称	课堂练习：跨页面添加列表数据.mp4
学习目标	掌握编辑中继器数据集的方法，结合变量给数据集"添加行"

要求在新页面中给用户信息列表新增数据，如图5-58所示。

（1）使用中继器制作用户信息列表。

（2）单击"新增用户"按钮，打开新增用户页面，在此页面中输入信息（均为必填项），单击"保存"按钮后跳转至列表页，并更新列表，显示刚刚填写的用户数据。

（3）列表中"冻结"字样高亮显示，文字参考色值为#FE8820。

图5-58

5.6 课后习题：Web端商品列表的筛选和排序

素材位置	素材文件>CH05>课后习题：Web端商品列表的筛选和排序
实例位置	实例文件>CH05>课后习题：Web端商品列表的筛选和排序.rp
视频名称	课后习题：Web端商品列表的筛选和排序.mp4
学习目标	掌握中继器的筛选和排序功能

要求使用中继器制作Web端商品列表，包含商品主图、商品名称、价格和销量，并可实现筛选和排序功能，如图5-59所示。

（1）单击筛选条件按钮，可按照条件进行筛选，且单击的筛选条件按钮变为高亮状态。

（2）单击"价格"按钮，按照价格进行升序排列，并且该按钮的文本变成"价格↑"；再次单击，按照价格进行降序排列，并且该按钮的文本变为"价格↓"。单击后该按钮变为高亮状态。

（3）单击"销量"按钮，按照销量进行降序排列，并且该按钮的文本变成"销量↓"；再次单击，按照销量进行升序排列，并且该按钮的文本变为"销量↑"。单击后该按钮变为高亮状态。

（4）单击"全部"按钮时，移除所有排序方式；单击"价格"按钮时，恢复"销量"按钮的文本；单击"销量"按钮时，恢复"价格"按钮的文本。

图5-59

第 **6** 章 原型的分享

本章介绍生成交互说明书、发布原型至 Axshare 上，以及生成和配置 HTML 文件的方法。学完本章内容，读者可以掌握完整的界面原型分享过程，使项目干系人能够准确地领会产品需求、把握界面原型中的细节。

课堂学习目标

● 掌握添加页面说明和元件说明的方法

● 了解生成Word说明书和CSV报告的方法，以及Word说明书中配置参数的含义

● 掌握利用Axshare发布原型和管理原型的方法

● 掌握生成HTML文件的方法以及对应配置参数的含义

6.1 生成交互说明书

在产品的整个研发周期中，仅仅产出界面原型是远远不够的，交互说明书也是产品经理或交互设计师重要的输出成果之一，是产品开发和测试的重要依据。

本节内容介绍

名称	作用	重要程度
页面说明	给页面或母版添加备注信息	中
元件说明	给元件添加备注信息	中
生成Word说明书	自动生成Word类型的原型内容、交互说明	中
生成CSV报告	自动生成CSV格式的页面、母版、元件说明报告	中

6.1.1 页面说明

在"检视：页面"或"检视：母版"功能区的说明面板中，默认有一个"说明"字段，可以为当前页面或母版添加备注信息。如果备注信息较多，想要按照类型进行说明，可以单击"自定义字段"按钮，打开"页面说明字段"对话框，单击 ![+] 按钮可以新增字段，如图6-1所示。

页面说明支持富文本编辑，当输入说明内容时，单击文本框右上角的 ![Aa] 按钮，可以设置说明内容的字体和样式，如图6-2所示。

图6-1　　　　　　　　　　　　　　　　　　　图6-2

6.1.2 元件说明

选中某个元件，在"检视：元件"功能区的说明面板中，同样有一个默认的"说明"字段，可以给该元件添加备注信息。单击"自定义字段"按钮，打开"元件说明字段与配置"对话框，如图6-3所示。

图6-3

在"元件说明字段与配置"对话框的"字段"面板中，可以添加文本（Text）、选项列表、数字（Number）和日期4种类型的元件说明字段，其中选项列表类型的字段需要在对话框右侧编辑列表值，每行一个，如图6-4所示。

图6-4

在"元件说明字段与配置"对话框的"配置"面板中，可以把说明字段添加到一个集合中，相当于给元件说明字段分类，如图6-5所示。

①单击"添加"，新增一个集合。

②给集合命名。

③选择元件说明字段。

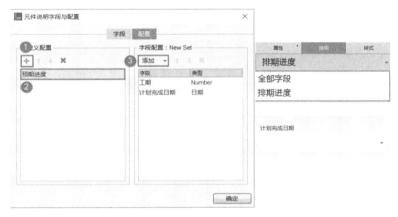

图6-5

元件说明中文本（Text）类型的字段支持富文本编辑，方法与页面说明相同。

6.1.3 生成Word说明书

Axure RP 8.0可以自动生成Word说明书，说明书中包括用户界面截图、页面及母版结构、页面及元件的交互明细和说明、页面快照等内容，可以根据需要设置说明书中显示的内容，还可以自定义Word说明书的排版格式。

选择菜单栏中的"发布>生成Word说明书"命令（快捷键为F9），在常规面板中选择生成的Word文件位置，单击"生成"按钮，即可生成Word说明书，如图6-6所示。

图6-6

Word说明书显示的内容配置如下。

页面：设置Word说明书中是否包含页面及站点地图列表，设置页面和站点地图模块在说明书中的标题，选择生成的页面范围，如图6-7所示。

母版：设置Word说明书中是否包含母版及母版列表，设置母版和母版列表模块在说明书中的标题，选择生成的母版范围，如图6-8所示。

图6-7　　　　　　　　　　　　　　　　　　　　　　　　**图6-8**

页面属性：设置Word说明书中是否包含页面说明及说明的顺序，设置是否包含页面交互和母版列表、母版使用情况报告、动态面板和中继器，以及各模块在说明书中的标题，如图6-9所示。

屏幕快照：设置Word说明书中是否显示屏幕快照及屏幕快照的各项参数，如图6-10所示。

图6-9   图6-10

元件表：设置Word说明书中是否包含元件表，默认有一个元件表，还可以添加新元件表，每个元件表可以显示不同的内容，如图6-11所示。

布局：设置Word说明书的布局（单列、双列），以及各模块的顺序，如图6-12所示。

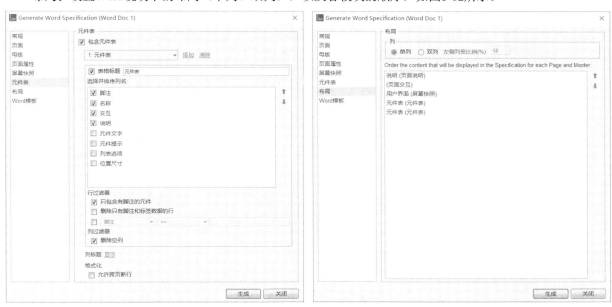

图6-11   图6-12

Word模板：编辑Word样式模板，可以使用Word内置样式或Axure默认样式，支持导入和新建模板，如图6-13所示。

图6-13

6.1.4 生成CSV报告

Axure RP 8.0可以自动生成CSV格式的报告，报告以列表的形式展示页面、母版和元件的交互行为和说明内容。

选择菜单栏中的"发布>更多生成器和配置文件"命令，打开"管理配置文件"对话框，选择"CSV Report 1"，单击"生成"按钮，选择页面报告和元件报告保存的位置，选择要生成的页面/母版和CSV中显示的字段，即可生成CSV报告，如图6-14所示。

图6-14

6.2 利用Axshare在线分享

界面原型最重要的功能就是"沟通"，把原型发布到线上是最方便查阅的方式。Axshare是Axure RP的官方管理平台，不仅能够在线预览原型，同时还提供了讨论功能。

本节内容介绍

名称	作用	重要程度
发布原型	用于发布原型至Axshare平台上供在线预览	高
参与讨论	对原型发表讨论意见	中
管理原型	用于管理项目的基本信息、URL和讨论信息	中

6.2.1 Axshare简介

Axshare是Axure RP的官方管理平台,可以把制作好的原型发布到Axshare上并生成URL链接供项目干系人直接在线访问,URL链接可以设置密码,在方便浏览的同时也兼顾了保密性。链接还提供了讨论区,项目干系人可以直接在原型链接中发表自己的意见、建议。还可以利用Axshare创建并管理团队项目,当项目规模较大,需要多人协作时,是非常方便的。Axshare最多可以发布1 000个原型。

6.2.2 发布和更新原型

发布原型至Axshare上或更新原型的前提是在Axure RP 8.0中登录Axshare账号。

1.发布原型

(1)选择菜单栏中的"发布>发布到AxShare"命令(快捷键为F6),如图6-15所示。

(2)设置项目参数,如图6-16所示。

①选择"创建一个新项目"。

②给新项目命名。

③设置密码(选填)。

④选择项目文件夹(选填,如果不填则默认发布至"My Projects"文件夹下)。

⑤单击"发布"按钮。

图6-15   图6-16

(3)发布成功后,会提供原型的URL链接,如图6-17所示。

①URL链接,单击可直接在浏览器中打开,也可以直接复制至剪贴板中。

②如果勾选"不加载工具栏",则浏览器中将不显示左侧工具栏,可根据需要选择是否勾选。

图6-17

2.更新原型

当原型发生变更后,可以直接提交更新至Axshare,URL链接中的内容也会同步更新。在提交更新与URL

完成更新之间，可能会有30秒左右的延迟。

（1）选择菜单栏中的"发布>发布到Axshare"命令（快捷键为F6）。

（2）选择"替换现有项目"，文本框中默认显示的是当前项目的ID，无须修改，单击"发布"按钮即可，如图6-18所示。

图6-18

6.2.3 参与讨论

（1）在URL链接中（需要加载左侧工具栏），单击DISCUSS面板，进入讨论区，单击"COMMENT ON SCREEN"按钮，如图6-19所示。

（2）单击原型中需要发表意见的位置，可以在特定位置发表讨论内容，拖动题注编号可以改变其位置，如图6-20所示。

图6-19   图6-20

（3）也可以单击文本框区域（该文本框的提示文字为"Or add comment without location"），发表自己的意见和建议，如图6-21所示。

①如果干系人拥有Axshare账号，可以单击"Log In"登录。登录后将显示该干系人的账号信息。

②而大部分干系人是非专业人员，没有Axshare账号，此时可以单击该区域的超链接部分，输入自己的姓名或昵称，以区分不同干系人发布的讨论内容。

③单击"照相机"按钮，可以在原型中截图并插入讨论区。

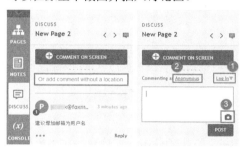

图6-21

6.2.4 管理原型

在浏览器中打开Axshare官网并登录账号,打开"**My Projects**"文件夹。在此页面中可以看到项目的名称、更新时间和URL。勾选项目名称前面的复选框,可以对其进行移动、复制、重命名和删除操作,如图6-22所示。

①移动项目。

②复制项目。

③重命名项目。

④删除项目。

图6-22

单击项目列表右侧的上传按钮🔼,可以直接上传Axure RP的项目文件,文件大小限制在400 MB以内。

1.项目基本信息管理

（1）鼠标指针悬停至项目列表右侧的"设置"按钮✿上,选择FILE+SETTINGS,进入基本信息管理页面,如图6-23所示。

图6-23

（2）查看和编辑项目基本信息,如图6-24所示。

①单击"铅笔"图标✐可以编辑项目名称。

②自动生成的URL链接,单击可直接在浏览器中打开,单击"COPY"按钮可复制到剪贴板中。

③Axure RP的项目文件,单击"UPLOAD FILE"按钮可以上传文件,大小限制在400 MB以内。

④自动生成的项目ID,每个ID对应不同的项目。

⑤单击"铅笔"图标可以设置原型链接的密码。

⑥最新更新时间。

图6-24

2.自定义URL

（1）单击页面左侧的"PRETTY URLS"按钮，可以对原型中各个页面的URL进行自定义设置，如图6-25所示。

图6-25

（2）设置默认页面和404页面，如图6-26所示。

　　①单击"Assign"按钮。

　　②选择页面即可。

图6-26

（3）单击页面列表右侧的"edit"按钮，可以进入编辑状态，设置各个页面的URL，如图6-27所示。

①Custom Page Title：设置在浏览器标签页中显示的页面标题。

②Pretty Url：设置对应页面的URL链接，如输入"login"，则其URL为"……/login"。

③Meta Description：设置描述说明。

④当某个页面被设置为默认页面或404页面时，其Pretty Url将不能修改。

图6-27

若设置page1页面的Custom Page Title为"登录页"，Pretty Url为login时，在浏览器中的效果如图6-28所示。

图6-28

3.讨论信息管理

（1）单击页面左侧的"DISCUSSIONS"按钮，可以查看和管理该项目的所有讨论信息，如图6-29所示。

图6-29

（2）单击列表中的某一条信息，可以对该条讨论信息进行回复和编辑等操作，如图6-30所示。

①编辑、修改标注颜色、标记是否解决的操作集合。

②回复该讨论信息。

图6-30

6.3 生成HTML文件

很多人都把Axure RP 8.0中的"HTML文件"理解为本地HTML文件，其实并不完全正确，它还包括按F5键预览原型时生成的缓存文件以及发布到Axshare平台上的HTML文件。

本节内容介绍

名称	作用	重要程度
生成本地HTML文件	用于把项目文件生成网页并保存在本地	中
选择生成的页面	用于设置生成哪些网页	中
选择页面说明字段	用于设置是否生成页面说明以及生成哪些字段	中
选择元件说明字段	设置是否生成元件说明、生成哪些字段以及显示方式	中
设置交互效果	用于设置与交互效果相关的内容	低
设置网页左侧工具栏	用于预设HTML页面左侧工具栏的图片和标题	低
设置Web字体	用于在原型中显示特殊字体	低
设置字体映射	把系统字体修改为Web字体	低
在移动设备中预览	用于设置在移动设备中预览App原型的参数	中
高级设置	用于设置字号的单位和草图效果	低
设置开放讨论	用于设置是否开放Axshare中的讨论功能	低

6.3.1 生成本地HTML文件

预览原型时非常依赖Axure RP 8.0软件，在没有安装这款软件的计算机上进行分享时就会非常不方便，可以把项目文件以HTML网页的形式保存在本地，可以用浏览器直接打开，方便拷贝，在没有网络的情况下查看原型。

（1）选择菜单中的"发布>生成HTML文件"命令，如图6-31所示，打开"生成HTML"对话框。

（2）在"常规"面板中，选择存放HTML文件的目标文件夹，单击"生成"按钮即可，如图6-32所示。

图6-31   图6-32

6.3.2 选择生成的页面

在"生成HTML"对话框的"页面"面板中，可以根据需要选择生成哪些页面，如图6-33所示。

①选择页面。

②全部选中。

③全部取消。

④选中全部子页面。

⑤取消全部子页面。

图6-33

> **提示** 修改设置后，单击"生成"按钮，会保存设置并直接生成本地HTML文件；单击"关闭"按钮，只会保存设置而不会生成本地文件。按F5键预览原型或发布原型至Axshare上时才可以看到效果。
>
> 在设置其他内容后同样是这样的操作步骤，之后的小节不再赘述。

6.3.3 选择页面说明字段

在"生成HTML"对话框的"页面说明"面板中，可以设置生成哪些页面说明字段并进行排序，如图6-34所示。

①选择页面说明字段。

②排序按钮，上移和下移。

③选中后显示页面说明的字段名称。

图6-34

页面说明显示在HTML页面左侧工具栏的NOTES区域中，如图6-35所示。

图6-35

6.3.4 选择元件说明字段

在"生成HTML"对话框的"元件说明"面板中，可以设置生成哪些元件说明字段并进行排序，如图6-36所示。

①勾选后元件说明将以脚注的形式显示。

②勾选后在元件的脚注上会显示元件名称。

③勾选后元件说明将显示在HTML页面左侧工具栏的NOTES区域中。

④选择元件说明的字段。

⑤排序按钮，上移和下移。

图6-36

可以让元件说明以脚注的形式显示，或在HTML页面左侧工具栏的NOTES区域中显示，如图6-37所示。

图6-37

6.3.5 设置交互效果的相关内容

在"生成HTML"对话框的"交互"面板中，可以设置交互效果的相关内容，如图6-38所示。

①设置是否显示HTML页面左侧工具栏的CONSOLE区域。

②设置是否显示用例名称。

③设置打开引用页的方式。

图6-38

6.3.6 设置HTML页面左侧工具栏的标志

在"生成HTML"对话框中，切换至"标志"面板，可以设置HTML页面左侧工具栏中显示的图片和标题，如图6-39所示。

①导入图片。

②设置标题。

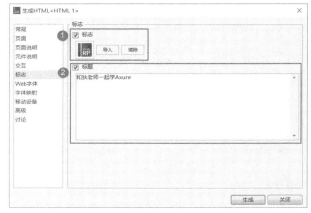

图6-39

设置完成后，在浏览器中的预览效果如图6-40所示。

图6-40

6.3.7 设置Web字体

当原型中应用了某些特殊的艺术字体时，需要把字体嵌入原型，否则会因为无法读取该字体导致HTML页面中没有这些字体效果。

假定该特殊字体的字体文件名为example.ttf，设置的方法如下。

（1）把使用该字体文件的字体名称修改为example，如图6-41所示。

图6-41

（2）在"生成HTML"对话框中，切换至"Web字体"面板，如图6-42所示。

①勾选"包含Web字体"。

②单击 ✚ 按钮，新增Web字体。

③命名Web字体。

④选择@font-face。

⑤输入代码：

   font-family:example;

   src:url('font/example.ttf') format('truetype');

代码中url('font/example.ttf')为字体文件的路径，自行替换即可，注意代码中的符号均为英文半角符号，字体文件名为英文。

⑥单击"生成"按钮，生成HTML文件至本地。

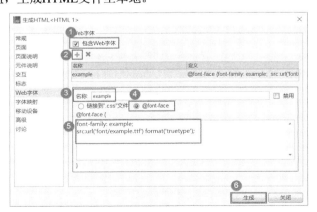

图6-42

（3）把字体文件复制到刚刚设置的路径中。生成的HTML文件夹里是没有"font"文件夹的，需要自行创建，如图6-43所示。

图6-43

（4）完成，打开本地的HTML文件查看效果。

6.3.8 设置字体映射

把系统中的字体样式修改为Web字体样式，以上一小节的内容为基础，在"生成HTML"对话框中，切换至"字体映射"面板，把Arial字体修改为example字体样式，如图6-44所示。

①单击 ➕ 按钮，新增字体映射。

②选择系统中的字体。

③选择特定的字体类型（可根据需要选择）。

④输入要映射的font-family（上一小节的代码中已输入）。

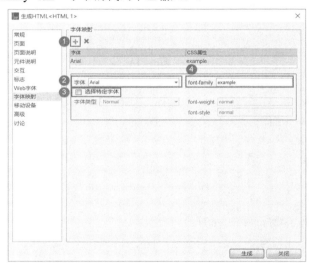

图6-44

6.3.9 在移动设备中预览App原型

以在4.7英寸iPhone设备中预览为示例，界面原型的宽度应设置为375 px（页面可以垂直滚动，所以无须限制高度）。在"生成HTML"对话框的"移动设备"面板中进行参数设置，如图6-45所示。

①勾选"包含视口标签"。

②设置宽度为device-width。

③设置初始缩放倍数为1.0。

④设置最大缩放倍数为1.0。

⑤勾选"自动检测并链接电话号码（iOS）"。

⑥导入主屏幕图标（大小为114×114的PNG格式文件）。

⑦单击"关闭"按钮，保存设置。

图6-45

设置完成后，把原型发布到Axshare上，发布成功后会显示该原型的URL链接。因为在移动设备上是不需要看到左侧工具栏的，所以勾选"不加载工具栏"，如图6-46所示。

在iPhone的Safari浏览器中打开该原型的URL链接，就可以预览原型了。还可以把原型的主屏图标添加到主屏幕中，让原型看起来更加逼真，如图6-47所示。

图6-46

图6-47

操作方法是单击Safari浏览器底部的"分享"按钮，然后单击"添加到主屏幕"按钮，如图6-48所示。

图6-48

单击主屏幕上的图标可以直接查看原型，并且隐藏了浏览器的地址栏和导航栏等内容，更像一款真实的App。

6.3.10 高级设置

在"生成HTML"对话框的"高级"面板中，可以对字号的单位和草图效果进行设置，如图6-49所示。

①把文字大小的单位像素（px）替换为点（pt）。

②设置是否使用草图效果。

图6-49

6.3.11 设置是否开放讨论

在"生成HTML"对话框的"讨论"面板中，可以设置是否开放原型的讨论功能，勾选此功能前需要把原型发布至Axshare平台上并获取其Project ID，如图6-50所示。

图6-50

6.4 课堂练习：生成原型的交互说明书

素材位置　无
实例位置　无
视频名称　课堂练习：生成原型的交互说明书.mp4
学习目标　掌握在Axure RP 8.0中生成交互说明书的方法

要求给本书案例中制作的原型或读者自己的原型作品添加页面说明和元件说明，并生成交互说明书。

6.5 课后习题：练习配置HTML页面

素材位置　无
实例位置　无
视频名称　课后习题：练习配置HTML页面.mp4
学习目标　巩固HTML页面配置的相关知识

要求配置HTML页面的各项内容，查看本地HTML文件和Axshare中页面的效果。

第 **7** 章　利用 Axshare 创建和管理团队项目

本章介绍利用 Axshare 平台进行团队合作的方法，从团队项目的工作原理入手，讲解创建和获取团队项目的方法、团队项目的工作流程及版本管理和版本回溯。学完本章内容，读者可以掌握使用 Axshare 作为云端服务器进行团队项目合作的技能。

课堂学习目标

● 理解团队项目的工作原理
● 掌握创建和获取团队项目的方法
● 掌握团队项目的工作流程
● 掌握团队项目的版本管理和版本回溯方法

7.1 创建与获取团队项目

当界面原型的设计需要多人合作时，可以使用Axure RP 8.0提供的团队项目功能。Axure RP 8.0软件与Axshare平台相结合，可以让每个参加项目的成员都能及时了解和获取界面原型的最新状态。

本节内容介绍

名称	作用	重要程度
团队项目工作原理	图解团队项目的基本工作原理	高
创建团队项目	用于邀请团队成员，新建团队项目	高
获取团队项目	用于团队成员从服务器上获取团队项目	高

7.1.1 团队项目工作原理

团队项目的工作原理大体可以概括为首先从Axshare服务器上获取最新的内容，然后在本地编辑，最后把编辑后的内容提交至Axshare服务器上，如图7-1所示。

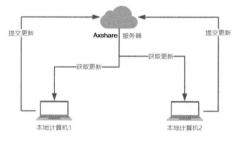

图7-1

7.1.2 创建团队项目

首先在浏览器中打开Axshare的官网并登录账号，在Axshare中建立工作区。建立工作区的账号为该工作区的所有者，该所有者可以邀请成员。

（1）单击"NEW WORKSPACE"按钮，如图7-2所示，新建一个工作区并命名为example。

（2）在工作区列表中单击example进入该工作区，单击"MANAGE USERS"按钮，选择INVITE PEOPLE，输入团队成员的Axshare账号（邮箱），单击"INVITE"按钮邀请成员，如图7-3所示。

（3）此时在example工作区内会显示被邀请成员的账号信息，如图7-4所示。

图7-2   图7-3   图7-4

接着在Axure RP 8.0软件中创建团队项目，把团队项目上传至刚刚创建的example工作区中。

（1）选择菜单栏中的"团队>从当前文件创建团队项目"命令，如图7-5所示，如果当前的个人项目未保存，会询问是否要保存当前文件，可根据需要选择是否保存。

图7-5

（2）设置团队项目参数，如图7-6所示。

①选择Axure Share。

②选择目录为example。

③输入团队项目名称"TeamProject"（可自定义，允许使用中文、英文和数字）。

④选择团队项目在本地的保存目录。

⑤设置密码（选填）。

图7-6

（3）本地保存的团队项目文件扩展名为**.rpprj**，打开该文件即可编辑团队项目的内容，如图7-7所示。

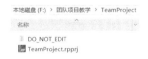

图7-7

> **提示** 本地保存的团队项目中有一个文件夹名称为"**DO_NOT_EDIT**"，切记不要对该文件夹里面的任何内容做任何操作，否则会影响团队项目的使用。

选择菜单栏中的"文件>新建团队项目"命令，也可以创建团队项目，与上面的方法不同的是，若在对话框中勾选"创建元件库"，可以创建团队元件库，如图7-8所示。

图7-8

> **提示** 除了Axure RP提供的自带元件库外，还可以根据需求建立自己的元件库，在第8章中会详细讲解。
>
> 所谓团队元件库，就是把元件库上传到Axshare工作区中，其他成员可以进行修改和更新。

7.1.3 获取团队项目

以刚刚创建的example工作区为例，该工作区内的成员可以在Axure RP 8.0软件中登录账号，获取该工作区中的团队项目。

（1）选择菜单栏中的"团队>获取并打开团队项目"命令，如图7-9所示。

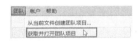

图7-9

（2）选择团队项目并设置本地保存的目录，如图7-10所示。

①选择Axure Share。

②单击右侧的 — 按钮，选择Project ID。

③选择团队项目在本地的保存目录。

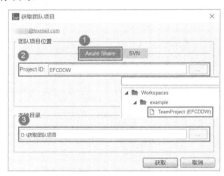

图7-10

选择菜单栏中的"文件>打开团队项目"命令，也可以获取团队项目。

7.2 如何进行团队项目协作

在团队项目中工作要遵循一定的工作流程，否则可能存在版本冲突的问题，影响团队其他成员的工作。团队项目还有历史版本的概念，保留了每一次变更的记录。

本节内容介绍

名称	作用	重要程度
签出和签入	用于获取编辑权限、提交更新内容和释放编辑权限	高
获取和提交变更	用于获取最新内容、提交变更	高
常规管理	用于查询原型页面的状态	中
版本管理	用于查阅和恢复至历史版本	中

7.2.1 签出和签入/获取和提交变更

在团队项目中工作时，同一个页面可能会有多个团队成员在共同编辑。如果任由各成员随意编辑，当多人同时编辑一个页面时，就不知道以哪位成员的修改为标准了，这样就会出现版本冲突的问题，如图7-11所示。

为了解决这个问题，Axure RP 8.0提供的解决方案是：同一个页面在同一时刻只能由一人编辑。当第二人想要编辑该页面时，第一人必须将修改内容提交至Axshare服务器上并释放编辑权限，这样修改的内容已经被保存在云端，其他人再修改时是在前一人的基础上进行的，不会存在数据覆盖的问题，如图7-12所示。

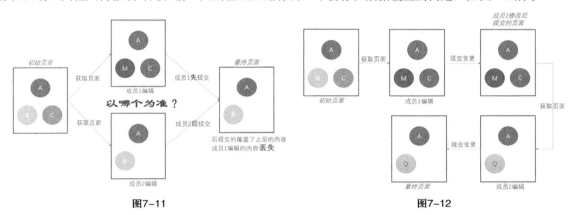

图7-11   图7-12

在编辑之前，需要先将页面"签出"。"签出"的意思是获取到了该页面的编辑权限，此时团队的其他成员不能编辑。操作方法如下。

方法1

打开要编辑的页面，将鼠标指针移入设计区域，单击右上角的"签出"按钮，如图7-13所示。

方法2

在页面列表中需要编辑的页面上执行快捷菜单命令"签出"，如图7-14所示。

方法3

选择菜单栏中的"团队>签出全部"命令，如图7-15所示，可以签出该项目中的所有页面，但需要谨慎执行该操作。

图7-13   图7-14   图7-15

签出后，页面列表中的图标由蓝色的菱形变为绿色的圆形，如图7-16所示。

图7-16

编辑完成后，需要把该页面"签入"。"签入"的意思是提交更新至Axshare服务器上并释放编辑权限，此时团队其他成员可以获取最新的原型内容，并且可以继续对该页面进行编辑。操作方法如下。

方法1

在页面列表中需要签入的页面上执行快捷菜单命令"签入"，填写签入说明（选填，可说明本次变动的概要和原因等内容，方便进行版本管理和版本回溯），如图7-17所示。

方法2

选择菜单栏中的"团队>签入全部"命令，签入所有未签入的页面，如图7-18所示。

图7-17　　　　　　　　　　　　　　　　　图7-18

除了签出和签入，还有获取变更和提交变更操作，如图7-19所示，它们与签出和签入有区别。

获取变更： 只获取团队项目的最新内容但不获取编辑权限。

提交变更： 只提交修改的内容但不释放编辑权限。

图7-19

当新增一个页面时，新页面在页面列表中的图标为 ，对新页面只能进行"签入"操作，不能直接提交变更，当进行"签入全部"操作时，也不包含新页面。

7.2.2 常规管理

当项目比较复杂、团队人数较多时，经常需要查看项目中的页面正在被哪些成员编辑、哪些页面被做了修改等。

（1）选择菜单栏中的"团队>管理团队项目"命令，如图7-20所示，打开团队项目管理器。

（2）单击"刷新"按钮，可以查看团队项目中各种元素的状态，如是否可签出、是否需要获取变更、是否需要提交变更等，如图7-21所示。

图7-20 　　　　　　　　　　　　　图7-21

7.2.3 版本管理

团队项目中的每次"签入"操作都会形成一个历史版本保存在Axshare服务器上，用于查询提交记录，当需要查阅某个历史版本的内容时，方便进行版本回溯。

（1）选择菜单栏中的"团队>浏览团队项目历史记录"命令，如图7-22所示。

（2）在"团队项目历史记录"对话框中，可以进行查看指定时间段内的团队项目操作记录、导出某一历史版本的文件等操作，如图7-23所示。

①选择开始日期和结束日期，单击"获取"按钮，可以查看所选日期范围内每次提交更新的记录，包括日期、作者和签入说明。

②单击某一条记录，可以查看该记录的详细签入说明。

③如果需要单独使用某一历史版本的原型，单击"导出到RP文件"按钮，可以将所选版本导出为RP文件（个人项目文件）。

图7-22 　　　　　　　　　　　　　图7-23

提示　在浏览器里登录Axshare平台，也可以对团队项目进行修改项目名称、设置密码、查看历史版本、管理讨论信息和自定义URL等操作。

7.3 课后习题：体验在团队项目中工作

素材位置	无
实例位置	无
视频名称	课后习题：体验在团队项目中工作.mp4
学习目标	掌握使用Axshare创建和管理团队项目的工作流程

　　和其他读者一起利用Axshare创建一个团队项目，共同创作一套界面原型，体会在团队项目中的工作流程，总结一套适合自己的团队工作习惯。

第8章 自定义元件库

本章介绍自定义元件库的作用、创建和应用自定义元件库的方法。学完本章内容，读者可以根据团队的设计规范创建一套标准化元件库。

课堂学习目标

- 了解自定义元件库的作用
- 掌握创建并应用自定义元件库的方法

8.1 认识自定义元件库

除了Axure RP 8.0提供的默认元件库之外，还可以根据需要制作自定义元件库。使用自定义元件库可以简化操作、制定规范、提高效率。

本节内容介绍

名称	作用	重要程度
自定义元件库概述	简要介绍自定义元件库	中
自定义元件库与母版的对比	自定义元件库与母版的联系和区别	中

8.1.1 概述

在Axure RP 8.0提供的默认元件的基础上，对其进行组合、样式调整，甚至添加交互动作，进而形成新的自定义元件，把这些自定义元件"打包"成扩展名为.rplib的文件，就形成了自定义元件库。

应用场景

（1）当页面元素需要重复使用时，可以制作自定义元件库。例如，在后台产品中，大部分页面都会用到数据的搜索和筛选功能，把常用的搜索框、时间段筛选和下拉框组合筛选等内容制作成自定义元件库，直接拖动至设计区域中即可使用，省去了每个页面都要重复制作的麻烦。

（2）如果团队规模较大，应该形成一套设计规范，制作一套标准化的元件库，这样可以保证每个成员的设计的一致性，进而保证产品整体的设计统一。

8.1.2 自定义元件库与母版的对比

自定义元件库与母版都是对Axure RP的默认元件进行二次加工后制作而成的，它们都可以重复使用，提升工作效率。

二者的区别在于，自定义元件库是一个独立的文件，方便拷贝、分享，支持跨项目使用，而母版只能在当前项目中使用；自定义元件库可以单独修改某一个应用区域的样式和属性，而母版的内容一经修改，应用该母版的各个区域都会更新。

8.2 自定义元件库的使用

本节以制作新元件 "筛选搜索组合"为例，介绍自定义元件库的使用方法，包括创建、载入和卸载自定义元件库。

本节内容介绍

名称	作用	重要程度
创建自定义元件库	新建元件库，在元件库中设计新元件	中
载入自定义元件库	把元件库载入原型项目	中
卸载自定义元件库	把元件库从原型项目中移除	中

8.2.1 创建自定义元件库

（1）单击"元件库"功能区中的"选项"按钮≡，在弹出的菜单中选择"创建元件库"命令，如图8-1所示。

（2）将元件库命名为demo，并选择保存路径。

（3）将"新元件1"重命名为"筛选搜索组合"，如图8-2所示。

（4）使用默认元件制作"筛选搜索组合"的内容，如图8-3所示。

图8-1   图8-2   图8-3

（5）选择菜单栏中的"文件>保存"命令（快捷键为Ctrl+S），保存当前元件库。

提示 在元件库中，也可以把自定义元件放到不同的文件夹中，文件夹名称就是载入元件库后元件的类名，如图8-4所示。

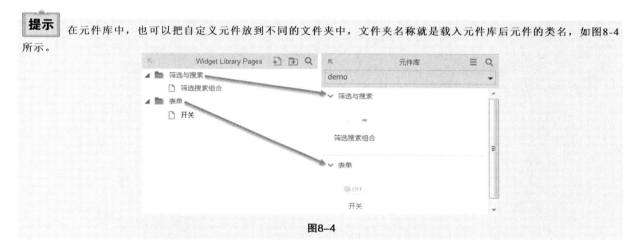

图8-4

8.2.2 载入自定义元件库

方法1

单击"元件库"功能区中的"选项"按钮≡，在弹出的菜单中选择"载入元件库"命令，如图8-5所示。

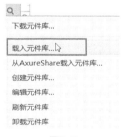

图8-5

方法2

关闭Axure RP 8.0软件，将自定义元件库文件复制到Axure RP 8.0安装目录的"...\DefaultSettings\Libraries"文件夹下，再次打开软件即可看到刚刚制作的元件库。

8.2.3 卸载自定义元件库

（1）切换至要卸载的元件库，如图8-6所示。

（2）单击"选项"按钮 ≡，在弹出的菜单中选择"卸载元件库"命令，如图8-7所示。

图8-6 　　　　　　　　　　图8-7

8.3 课后习题：制作属于自己的元件库

素材位置	无
实例位置	无
视频名称	课后习题：制作属于自己的元件库.mp4
学习目标	掌握自定义元件库的制作和应用

分析自己在学习、工作中对元件的使用情况，制作一套自己的元件库，并应用它。

第9章 自适应视图

本章讲解自适应视图功能，先介绍自适应视图功能的由来，再介绍自适应视图的使用方法。学完本章内容，读者可以掌握让界面原型自适应不同分辨率的设备的方法，制作"响应式"原型。

课堂学习目标

- 了解"响应式布局"与自适应视图
- 掌握自适应视图的使用方法

9.1 "响应式布局"与自适应视图

随着移动互联网技术的不断发展，"响应式布局"的概念被提出。所谓"响应式布局"，就是一个页面能够兼容多种分辨率和终端设备，而不必为每种分辨率和终端设备去开发特定的版本。

例如，不同分辨率下页面各元素的尺寸或间距可能会有差别，电脑版网页和移动端网页在页面排版，甚至页面元素上完全不同，移动设备的竖屏和横屏效果也需要兼顾。

Axure RP 8.0的自适应视图功能就可以帮助产品经理和交互设计师制作"响应式"原型。

9.2 使用自适应视图

Axure RP 8.0项目中默认是不启用自适应视图的，如需使用，需要在"检视：页面"功能区的"属性"面板中勾选"自适应"右侧的"启用"，此时设计区域的水平标尺上方会显示"基本"视图标志，如图9-1所示。

图9-1

添加一个新视图，在基本视图和新视图中分别设置不同的元件样式。

（1）单击"检视：页面"功能区的"属性"面板中的"管理自适应视图"按钮 ，或选择菜单栏中的"项目>自适应视图"命令，打开"自适应视图"对话框。

（2）编辑基本视图，如图9-2所示。

①选中默认显示的"基本"视图。

②输入名称，此处以输入"标准屏幕"为例。

③设置宽度，单位为像素，此处以300为例。

④设置高度，单位为像素，一般情况下页面高度无须限制，此处不输入内容。

图9-2

（3）添加新的视图，如图9-3所示。

①单击 + 按钮。

②输入名称"高分屏"。

③选择条件为">="。

④设置宽度为400。

⑤高度不限。

⑥选择"继承于"为"标准屏幕（基本）"。含义是该视图内元件的属性和样式从"标准屏幕（基本）"中继承。

图9-3

（4）此时项目中包括两个视图，在设计区域的水平标尺上方，左侧第一个视图为基本视图，其他视图的显示名称均为视图的宽度。勾选"影响所有视图"，则修改的元件属性和样式会影响到所有视图；取消勾选"影响所有视图"，则修改的元件属性和样式只会影响当前视图和继承它的视图（子视图），如图9-4所示。

图9-4

（5）分别切换至上述两个视图，可以看到每个视图的边界处都会显示参考线。

（6）在上述两个视图中排列页面内容，如图9-5所示。

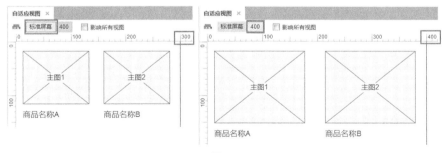

图9-5

（7）按F5键在浏览器中预览效果。可以通过改变浏览器窗口的尺寸来模拟不同的屏幕分辨率。

9.3　课后习题：体验自适应视图

素材位置	无
实例位置	无
视频名称	课后习题：体验自适应视图.mp4
学习目标	掌握自适应视图的应用

　　给本书案例中制作的原型或自己的原型作品设置若干个自适应视图，并编辑不同视图中的内容，体验不同分辨率下原型的变化。

第10章 综合案例实训

学完第 9 章的内容后，关于 Axure RP 8.0 软件功能和操作的讲解就全部结束了。本章讲解几个典型案例，目的是帮助读者回顾 Axure RP 8.0 这款软件的重点和难点，巩固各种操作技能，避免由于时间相隔太久造成对前面知识的遗忘，夯实基础，提高技术水平。

课堂学习目标

● 能够根据案例描述快速确定需要采取的操作
● 巩固知识点和各种操作技能

10.1　案例：点赞和取消点赞效果

素材位置	素材文件>CH10>案例：点赞和取消点赞效果
实例位置	实例文件>CH10>案例：点赞和取消点赞效果.rp
视频名称	案例：点赞和取消点赞效果.mp4
学习目标	制作点赞和取消点赞效果

实现效果：单击点赞图标，点赞图标变为已点赞状态，点赞数量加1；再次单击取消点赞，点赞数量减1，如图10-1所示。

👍 15　👍 16

图10-1

① 向设计区域中拖入图片元件，导入未点赞时的图标，在图标右侧拖入文本标签元件，修改文本为15，用于显示点赞数量，命名为likeNumber。

② 设置点赞图标被选中时的交互样式，当图标被选中时，显示红色的点赞图标，如图10-2所示。

①选中点赞图标，单击属性面板中的"选中"按钮，打开"交互样式设置"对话框。

②勾选"图片"，导入红色点赞图标。

图10-2

③ 制作单击图标时图标变为已点赞状态，点赞数量加1的效果，具体设置如图10-3所示。

①选中点赞图标，双击属性面板中的"鼠标单击时"事件，打开用例编辑器。

②单击"添加条件"按钮，打开"条件设立"对话框。

③依次设置条件参数为选中状态、This、==、值和false。

④添加"选中"动作，设置当前元件的选中状态为true。

⑤添加"设置文本"动作。

⑥在右侧的配置动作区域中勾选"likeNumber（矩形）"。

⑦设置文本为"值"，单击 fx 按钮，打开"编辑文本"对话框。

⑧添加局部变量LVAR1，设置值为元件文字，选择likeNumber。

⑨输入"[[LVAR1+1]]"。

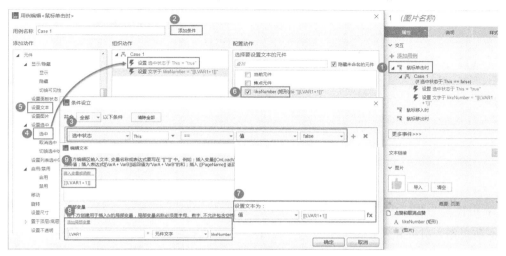

图10-3

04 制作再次单击图标时取消点赞，点赞数量减1的效果，具体设置如图10-4所示。

①选中点赞图标，双击属性面板中的"鼠标单击时"事件，打开用例编辑器。

②单击"添加条件"按钮，打开"条件设立"对话框。

③依次设置条件参数为选中状态、This、==、值和true。

④添加"取消选中"动作，设置当前元件的选中状态为false。

⑤添加"设置文本"动作。

⑥在右侧的配置动作区域中勾选"likeNumber（矩形）"。

⑦设置文本为"值"，单击 fx 按钮，打开"编辑文本"对话框。

⑧添加局部变量LVAR1，设置值为元件文字，选择likeNumber。

⑨输入"[[LVAR1-1]]"。

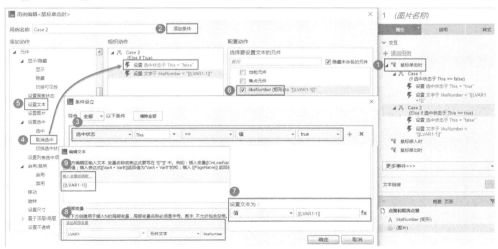

图10-4

05 完成，按F5键在浏览器中预览效果，如图10-5所示。

图10-5

10.2 案例：自定义文本框的交互样式

素材位置	无
实例位置	实例文件>CH10>案例：自定义文本框的交互样式.rp
视频名称	案例：自定义文本框的交互样式.mp4
学习目标	制作自定义文本框的交互样式

实现效果：默认状态下文本框边框为浅灰色；获取焦点后，文本框边框变成高亮色；失去焦点后，文本框边框恢复浅灰色，如图10-6所示。

图10-6

01 使用矩形元件和文本框元件制作默认状态下的文本框样式，可以参照"2.2.7 课堂案例：自定义文本框样式"的方法制作。其中原生的文本框命名为input，矩形作为文本框的边框，命名为border。

02 设置文本框边框被选中时的交互样式，选中后边框颜色变为高亮色，如图10-7所示。

①选中border，单击属性面板中的"选中"按钮，打开"交互样式设置"对话框。

②勾选"线段颜色"，设置颜色为#FF0000。

图10-7

03 制作文本框获取焦点时边框颜色变成高亮色的效果，具体设置如图10-8所示。

①选中input文本框，双击属性面板中的"获取焦点时"事件，打开用例编辑器。

②添加"选中"动作。

③在右侧的配置动作区域中勾选"border（矩形）"。

图10-8

04 制作文本框失去焦点后边框颜色恢复为浅灰色的效果，具体设置如图10-9所示。

①选中input文本框，双击属性面板中的"失去焦点时"事件，打开用例编辑器。

②添加"取消选中"动作。

③在右侧的配置动作区域中勾选"border（矩形）"。

图10-9

05 完成，按F5键在浏览器中预览效果，如图10-10所示。

图10-10

10.3 案例：自定义复选框的交互样式

素材位置　素材文件>CH10>案例：自定义复选框的交互样式
实例位置　实例文件>CH10>案例：自定义复选框的交互样式.rp
视频名称　案例：自定义复选框的交互样式.mp4
学习目标　制作自定义复选框的交互样式

实现效果：制作自定义样式的复选框，并且可以实现选中和取消选中效果，如图10-11所示。

图10-11

01 向设计区域中拖入图片元件，导入默认状态的复选框图片。

02 设置复选框图片被选中时的交互样式，如图10-12所示。

①选中复选框图片，单击属性面板中的"选中"按钮，打开"交互样式设置"对话框。

②勾选"图片"，导入选中时的复选框图片。

图10-12

03 制作单击复选框图片时可以切换选中和取消选中的状态的效果，具体设置如图10-13所示。

①选中复选框图片，双击属性面板中的"鼠标单击时"事件，打开用例编辑器。

②添加"切换选中状态"动作。

③在右侧的配置动作区域中勾选"当前元件"。

图10-13

04 完成，按F5键在浏览器中预览效果，如图10-14所示。

图10-14

10.4 案例：手风琴导航菜单

素材位置	素材文件>CH10>案例：手风琴导航菜单
实例位置	实例文件>CH10>案例：手风琴导航菜单.rp
视频名称	案例：手风琴导航菜单.mp4
学习目标	制作手风琴导航菜单

实现效果：单击一级菜单，展开对应的二级菜单，收起其他的二级菜单；单击已展开二级菜单的一级菜单，对应的二级菜单收起，如图10-15所示。

制作思路

图10-15

（1）把一级菜单和二级菜单放在动态面板的两个状态中，通过切换面板状态来实现菜单的展开和收起效果。

（2）要求单击一级菜单后，展开对应的二级菜单，其他二级菜单收起，所以在同一时刻最多有一组菜单项是展开状态。可以利用"在同一时刻选项组中只能有一个元件处于选中状态"这一特性来实现效果，把每组菜单项中的一级菜单设置为一个选项组，当其被选中时，展开二级菜单，取消选中时，收起二级菜单。因为同一选项组里的元件在同一时刻只能有一个被选中，所以只能有一组菜单项处于展开状态。

01 首先制作一组菜单项，向设计区域中拖入动态面板，勾选"自动调整为内容尺寸"选项，命名为demo，动态面板的State1为一级菜单项，State2为展开后的一级菜单和二级菜单项，菜单项的矩形填充颜色为#393D49，如图10-16所示。

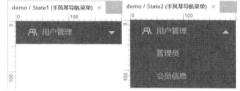

图10-16

02 分析二级菜单的展开和收起效果。单击State1中一级菜单的矩形时，矩形被选中，展开二级菜单（将demo状态切换为State2）；当矩形被取消选中时，收起二级菜单（将demo状态切换为State1）。单击State2中一级菜单的矩形后，直接收起菜单（将demo状态切换为State1），并设置State2中一级菜单的矩形为选中状态。

03 制作单击一级菜单项时选中菜单项的矩形的效果，具体设置如图10-17所示。

①进入demo的State1，选中菜单项的矩形，双击属性面板中的"鼠标单击时"事件，打开用例编辑器。

②添加"选中"动作。

③在右侧的配置动作区域中勾选"当前元件"。

图10-17

189

04 制作当一级菜单项的矩形被选中时展开二级菜单的效果，具体设置如图10-18所示。

①进入demo的State1，选中菜单项的矩形，单击属性面板中的"更多事件>选中时"事件，打开用例编辑器。

②添加"设置面板状态"动作。

③在右侧的配置动作区域中勾选"Set demo（动态面板）"。

④设置"选择状态"为State2。

⑤勾选"推动/拉动元件"，"方向"选择"下方"。

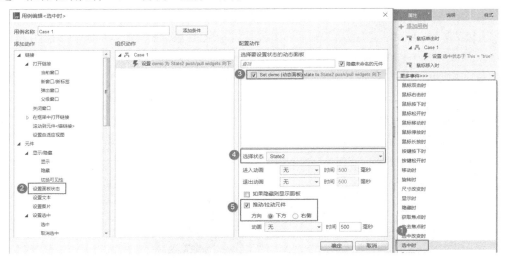

图10-18

05 制作当一级菜单项的矩形被取消选中时收起二级菜单的效果，具体设置如图10-19所示。

①进入demo的State1，选中菜单项的矩形，单击属性面板中的"更多事件>取消选中时"事件，打开用例编辑器。

②添加"设置面板状态"动作。

③在右侧的配置动作区域中勾选"Set demo（动态面板）"。

④设置"选择状态"为State1。

⑤勾选"推动/拉动元件"，"方向"选择"下方"。

图10-19

06 制作当展开二级菜单时再次单击对应的一级菜单，二级菜单收起的效果，具体设置如图10-20所示。

①进入demo的State2，选中一级菜单的矩形，双击属性面板中的"鼠标单击时"事件，打开用例编辑器。

②添加"设置面板状态"动作。

③在右侧的配置动作区域中勾选"Set demo（动态面板）"。

④设置"选择状态"为State1。

⑤勾选"推动/拉动元件"，"方向"选择"下方"。

⑥添加"选中"动作，在右侧的配置动作区域中勾选"当前元件"。

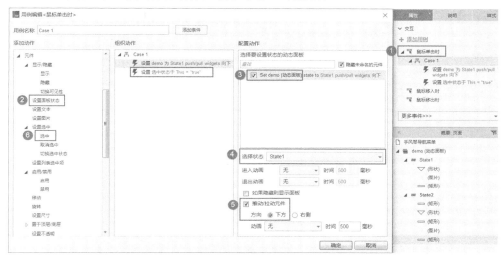

图10-20

07 设置demo动态面板State1和State2中一级菜单矩形的选项组名称为"menu"，如图10-21所示。

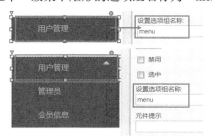

图10-21

提示 步骤6中⑥把State2中的矩形设置为选中状态的原因是State1和State2中一级菜单的矩形都在同一个选项组menu中，所以当选中State2中的矩形时，State1中的矩形就被取消选中。此时再次单击State1中的矩形时，矩形会被重新选中，就可以触发其"选中时"事件，实现展开菜单效果。

08 一组菜单项的交互效果就制作完成了，然后可以把demo动态面板复制几份，形成多组菜单项，以实现"手风琴"效果。复制demo动态面板后，虽然每个动态面板的名称都是demo，但不影响交互效果的实现，也可以根据实际情况修改名称。

09 完成，按F5键在浏览器中预览效果，如图10-22所示。

图10-22

10.5 案例：局部滚动的筛选菜单

素材位置	无
实例位置	实例文件>CH10>案例：局部滚动的筛选菜单.rp
视频名称	案例：局部滚动的筛选菜单.mp4
学习目标	制作页面的局部滚动筛选菜单

实现效果：只有菜单的筛选项目部分可以滚动，页面整体和菜单下方的按钮区域均不滚动，如图10-23所示。

图10-23

制作思路

（1）动态面板可以显示滚动条，实现滚动效果。

（2）动态面板的滚动条不能隐藏，此时可以用一个小技巧：在动态面板A中嵌套一个动态面板B，A和B均取消勾选"自动调整为内容尺寸"选项，B的宽度略大于A，设置B显示垂直滚动条，因为B的宽度大于A的宽度，所以预览时就看不到滚动条了。

为了方便演示，设置筛选菜单的尺寸为275像素×540像素，其中筛选项目部分高度为500像素，下方的按钮高度为40像素。

01 向设计区域中拖入动态面板，命名为A，尺寸为275像素×540像素，位置为（100,0），取消勾选"自动调整为内容尺寸"选项（默认即不勾选），用于外层容器。

02 进入动态面板A的State1，再次向设计区域中拖入动态面板，命名为B，尺寸为295像素×500像素，位置为（0,0），不勾选"自动调整为内容尺寸"选项（默认即不勾选），选择"自动显示垂直滚动条"。此时B比A宽20像素，垂直滚动条超出了A的显示区域，预览时就不会显示了。

03 依然在动态面板A的State1中，向设计区域中拖入两个按钮，位置为（0,500），在动态面板B的下方。因为按钮是不滚动的，所以放在动态面板B的外面。

04 进入动态面板B的State1，自行制作筛选项目，筛选项目的数量要多一些，高度要超过动态面板B的高度才能垂直滚动；宽度要小于动态面板A的宽度（275像素），否则超出的部分无法显示。

图10-24所示为动态面板A的State1中的内容。

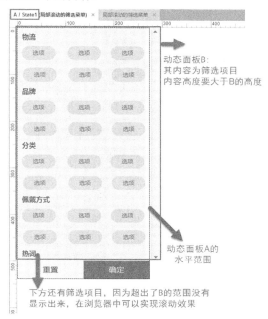

图10-24

05 完成，按F5键在浏览器中预览效果，如图10-25所示。

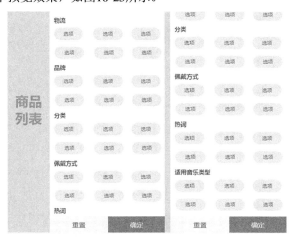

图10-25

10.6　案例：Web端个人中心快捷入口

素材位置　素材文件>CH10>案例：Web端个人中心快捷入口
实例位置　实例文件>CH10>案例：Web端个人中心快捷入口.rp
视频名称　案例：Web端个人中心快捷入口.mp4
学习目标　制作Web端个人中心快捷入口

实现效果：鼠标指针移入头像区域，展开快捷入口选项；鼠标指针移出头像区域，收起快捷入口选项，如图10-26所示。

图10-26

01 向设计区域中拖入动态面板，添加一个新状态。分别排列State1和State2中的内容，State1为快捷入口收起时的状态，State2为快捷入口展开时的状态，如图10-27所示。

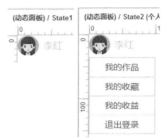

图10-27

02 拖入一个矩形元件作为背景，设置填充颜色为#FF0000。

03 制作鼠标指针移入头像区域时展开快捷入口选项的效果，具体设置如图10-28所示。

①选中动态面板，单击属性面板中的"更多事件>鼠标移入时"事件，打开用例编辑器。

②添加"设置面板状态"动作。

③在右侧的配置动作区域中勾选"当前元件"。

④设置"选择状态"为State2。

图10-28

04 制作鼠标指针移出头像区域时收起快捷入口选项的效果，具体设置如图10-29所示。

①选中动态面板，单击属性面板中的"更多事件>鼠标移出时"事件，打开用例编辑器。

②添加"设置面板状态"动作。

③在右侧的配置动作区域中勾选"当前元件"。

④设置"选择状态"为State1。

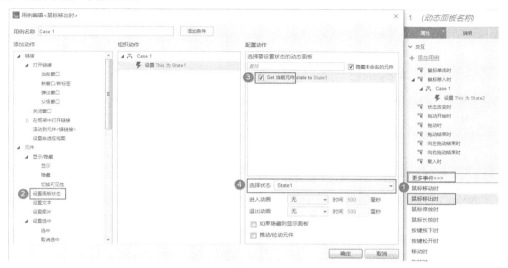

图10-29

05 完成，按F5键在浏览器中预览效果，如图10-30所示。

图10-30

10.7 案例：加载百分比进度条

素材位置	无
实例位置	实例文件>CH10>案例：加载百分比进度条.rp
视频名称	案例：加载百分比进度条.mp4
学习目标	制作加载百分比进度条

实现效果：单击"开始"按钮，显示进度条和百分比，进度条逐渐填充完整，百分比从0%动态显示至100%，模拟加载效果，如图10-31所示。

图10-31

01 向设计区域中拖入矩形，尺寸为350像素×30像素，命名为border，作为进度条的边框；拖入矩形，紧贴border左边界，尺寸为1像素×30像素，命名为progressBar，作为进度条的填充物；拖入文本标签，命名为percent，修改文本为"0%"，用于显示百分比；拖入按钮，放至进度条上方，修改文本为"开始"，用于触发加载效果，如图10-32所示。

图10-32

02 将border、progressBar和percent元件设置为隐藏。

03 制作单击"开始"按钮时显示进度条，并逐渐填充完整的效果，具体设置如图10-33所示。

①选中"开始"按钮，双击属性面板中的"鼠标单击时"事件，打开用例编辑器。

②添加"显示"动作，显示percent、progressBar和border。

③添加"设置尺寸"动作。

④在右侧的配置动作区域中勾选"progressBar（矩形）"。

⑤设置宽为350，高为30，选择"锚点"为"左侧"，"动画"为"线性"，时间为3 000毫秒。

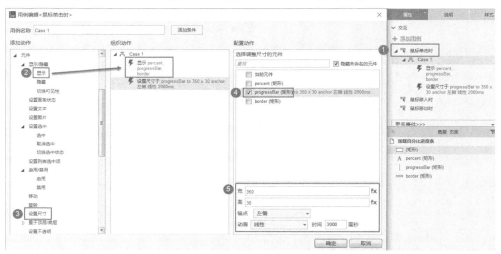

图10-33

04 制作在加载进度条的同时百分比数值动态变化的效果。制作思路是通过progress进度条当前的宽度占总宽度的百分比来表示进度，具体设置如图10-34所示。

①选中percent文本标签，单击属性面板中的"更多事件>显示时"事件，打开用例编辑器。

②添加"设置文本"动作。

③在右侧的配置动作区域中勾选"当前元件"。

④设置文本为"值"，单击 fx 按钮打开"编辑文本"对话框。

⑤添加局部变量LVAR1，设置值为元件，选择progressBar。

⑥输入"[[Math.floor(LVAR1.width/350∗100)]]%"。

⑦添加"等待"动作，设置为等待0毫秒。

⑧添加"隐藏"动作，设置为隐藏当前元件。

⑨添加"显示"动作，设置为显示当前元件。

图10-34

提示 下面分析步骤4中使用的函数。

①元件函数width：返回元件的宽度值。

②数学函数floor(x)：向下取整数。

下面分析一下由这些函数组成的表达式。

①[[LVAR1.width]]：通过局部变量LVAR1获取progressBar元件的宽度。

②[[LVAR1.width/350 * 100]]：progressBar的宽度占总宽度的百分比。

③[[Math.floor(LVAR1.width/350 * 100)]]：保留百分比的整数部分。

④[[Math.floor(LVAR1.width/350 * 100)]]%：将百分比数值和%拼接起来。

05 完成，按F5键在浏览器中预览效果，如图10-35所示。

图10-35

10.8 案例：双向选择列表

素材位置 无
实例位置 实例文件>CH10>案例：双向选择列表.rp
视频名称 案例：双向选择列表.mp4
学习目标 制作双向选择列表

实现效果：在左侧列表项中单击"选择"按钮，该项移动至右侧列中；在右侧列表中单击"移除"按钮，该项移动至左侧列表中，如图10-36所示。

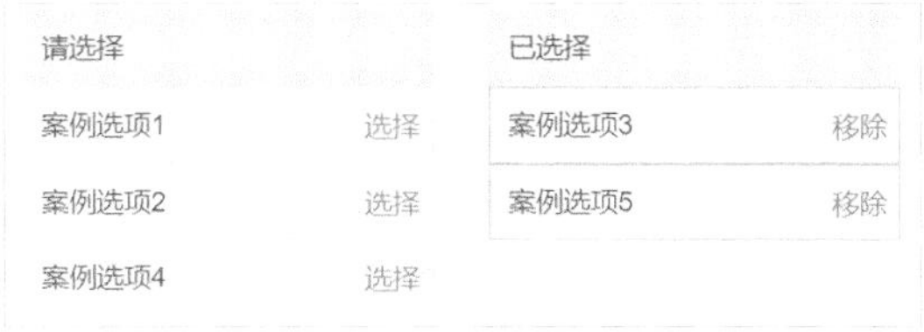

请选择		已选择	
案例选项1	选择	案例选项3	移除
案例选项2	选择	案例选项5	移除
案例选项4	选择		

图10-36

制作思路

（1）使用两个中继器来制作左右两个选项列表。

（2）通过对中继器数据集进行"删除行""添加行"操作来模拟选项的左右移动效果。

首先制作左右两个选项列表。

01 使用矩形制作两个列表的表头,文本分别修改为"请选择"和"已选择"。拖入两个中继器,放至表头下方,左侧中继器命名为list_A,右侧中继器命名为list_B。

02 向中继器list_A中添加一个矩形,命名为subject_A,用来显示项目数据,以及一个文本标签,修改文本为"选择",向中继器list_B中添加一个矩形,命名为subject_B,用来显示项目数据,以及一个文本标签,修改文本为"移除",如图10-37所示。

图10-37

03 在中继器list_A数据集中设置一个字段optionA,自行添加数据;在中继器list_B数据集中设置一个字段optionB,清空数据,如图10-38所示。

04 把中继器list_A和list_B的数据显示出来,用例列表如图10-39所示。

图10-38　　　　　　　　　　　　　　　　**图10-39**

接下来制作双向选择效果。

01 制作单击左侧列表中的"选择"按钮时该项目被移至右侧列表中的效果,具体设置如图10-40所示。
①进入中继器list_A的"项",选中"选择"按钮,双击属性面板中的"鼠标单击时"事件,打开用例编辑器。
②添加"添加行"动作。
③在右侧的配置动作区域中勾选"list_B(中继器)"。
④单击"添加行"按钮,打开"添加行到中继器"对话框。
⑤在optionB列中输入"[[Item.optionA]]"。
⑥添加"删除行"动作,设置为删除list_A中继器的当前行(This)。

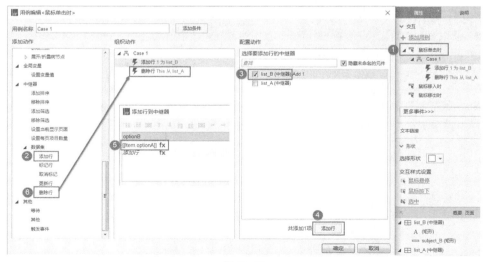

图10-40

02 制作单击右侧列表中的"移除"按钮时该项目被移动至左侧列表中的效果,具体设置如图10-41所示。
①进入中继器list_B的"项",选中"移除"按钮,双击属性面板中的"鼠标单击时"事件,打开用例编辑器。

②添加"添加行"动作。

③在右侧的配置动作区域中勾选"list_A（中继器）"。

④单击"添加行"按钮，打开"添加行到中继器"对话框。

⑤在optionA列中输入"[[Item.optionB]]"。

⑥添加"删除行"动作，设置为删除list_B中继器的当前行（This）。

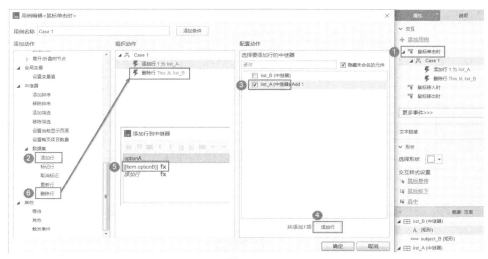

图10-41

03 完成，按F5键在浏览器中预览效果，如图10-42所示。

图10-42

10.9 课后习题：自定义单选按钮的交互效果

素材位置	素材文件>CH10>课后习题：自定义单选按钮的交互效果
实例位置	实例文件>CH10>课后习题：自定义单选按钮的交互效果.rp
视频名称	课后习题：自定义单选按钮的交互效果.mp4
学习目标	制作自定义单选按钮的交互效果

制作自定义样式的单选按钮，并且可以实现选中和取消选中效果，如图10-43所示。

图10-43

10.10 课后习题：自定义下拉列表框的交互样式

素材位置	无
实例位置	实例文件>CH10>课后习题：自定义下拉列表框的交互样式.rp
视频名称	课后习题：自定义下拉列表框的交互样式.mp4
学习目标	制作自定义下拉列表框的交互样式

制作自定义下拉列表框的交互样式，如图10-44所示。

（1）默认状态下右侧的箭头向下，展开列表项后箭头向上。

（2）展开列表项后，鼠标指针悬停时背景颜色参考色值为#E4E4E4。单击选中某个选项后，该项的背景颜色参考色值为#31C27C，不透明度为75%，文字颜色为#FFFFFF。

（3）选择某个选项后，再次展开下拉列表，当前选中项依然高亮显示（背景颜色参考色值为#31C27C，不透明度75%，文字颜色为#FFFFFF）。

（4）下拉列表的列表项部分使用中继器制作。

图10-44

10.11 课后习题：Web端商品大图切换效果

素材位置	素材文件>CH10>课后习题：Web端商品大图切换效果
实例位置	实例文件>CH10>课后习题：Web端商品大图切换效果.rp
视频名称	课后习题：Web端商品大图切换效果.mp4
学习目标	制作Web端商品大图切换效果

鼠标指针悬停在商品缩略图上时，该缩略图显示红色的边框，上方显示对应的商品大图，如图10-45所示。

图10-45

10.12 课后习题：滚动吸附效果

素材位置	无
实例位置	实例文件>CH10>课后习题：滚动吸附效果.rp
视频名称	课后习题：滚动吸附效果.mp4
学习目标	制作视频播放页滚动时的吸附效果

制作视频播放页滚动时的吸附效果，如图10-46所示。

（1）页面上半部分的视频播放区域固定在浏览器顶部。

（2）页面垂直滚动，当"视频作者"区域接触到视频播放区域底部时，吸附在它的底部，不再继续滚动。

图10-46

第**11**章 商业案例实训

本章列举两个商业案例进行实训。因为商业案例综合性强，涉及的知识点较多，所以读者一定要巩固之前章节的知识，夯实基础。进入实训练习后，本书将读者视为已经牢固掌握了 Axure RP 8.0 的基础操作知识，为了节约篇幅，本章将会适当简化一些基础操作的描述和配图。

课堂学习目标

- 综合运用Axure RP 8.0的各项操作技能
- 制作当前成功商业案例的高保真原型

11.1 移动App原型尺寸详解

使用Axure RP 8.0制作的界面原型本质上是HTML页面，在移动设备中也是使用浏览器预览的。

HTML页面的样式是通过CSS来控制的，在PC设备的浏览器中，CSS的1px往往相当于电脑屏幕的1个物理像素。而移动设备的屏幕分辨率越来越高，但屏幕的尺寸却并没有成比例地变化，屏幕的像素密度越来越大，所以CSS中的1 px并不一定等于移动设备屏幕的1个物理像素。如4.7英寸iPhone设备的屏幕物理分辨率为750个物理像素×1 334个物理像素，界面原型的尺寸为375 px×667 px，是屏幕物理分辨率的1/2，由于这二者的数值关系方便计算，所以在进行界面原型设计或UI设计时，一般以4.7英寸iPhone设备为基准。

4.7英寸iPhone设备中界面原型的各部分的尺寸如图11-1所示。

图11-1

提示 并不是所有移动设备的原型尺寸和屏幕物理分辨率都是1：2的关系，如5.5英寸iPhone设备的屏幕物理分辨率为1 080个物理像素×1 920个物理像素，界面原型的尺寸为414 px×736 px。

如果需要在不同的移动设备中预览原型，需要使用自适应视图功能。

在实际应用中，页面的内容一般比较丰富，无须限制界面原型的高度。在移动设备中预览时，会直接显示移动设备自带的状态栏，所以在原型中无须再次制作，当页面不发生垂直滚动时，4.7英寸iPhone设备的原型高度为647 px（667 px减去状态栏高度20 px）。

11.2 商业案例：新闻App

素材位置	素材文件>CH11>商业案例：新闻App
实例位置	实例文件>CH11>商业案例：新闻App.rp
视频名称	11.2.1 标签栏菜单切换.mp4、11.2.2 搜索联想.mp4、11.2.3 上滑加载更多.mp4
学习目标	制作新闻App的主要交互动作

本案例的最终效果如图11-2所示。

图11-2

11.2.1 标签栏菜单切换

实现效果：单击页面底部标签栏的3个菜单——"首页""视频"和"我的"，打开对应的页面，且当前菜单的图标和文本均高亮显示，如图11-3所示。

图11-3

首先添加3个页面，分别为"首页""视频"和"我的"。然后对照效果图对标签栏进行排版。

01　向设计区域中拖入矩形1元件，设置填充颜色为#FFFFFF，边框颜色为#E4E4E4，尺寸为375像素×49像素。

02　制作默认图标和文字，从左至右依次为"首页""视频"和"我的"3个菜单。文字部分依次命名为homeLabel、videoLabel和mineLabel，图标部分依次命名为homeIcon、videoIcon和mineIcon。文字部分的字号均为12号，图标部分的尺寸均为26像素×26像素。

03　精确排列3个菜单，如图11-4所示。

　　①组合每个菜单的图标和文字，形成3个组合。

　　②设置"首页"和"我的"菜单（首尾菜单）组合的位置，选中3个组合，单击工具栏中的"分布>水平分布"工具。

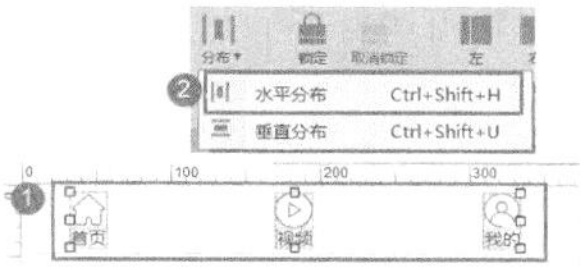

图11-4

04　因为标签栏要固定在浏览器底部，所以要转换为动态面板。选中状态栏的所有元件，执行快捷菜单命令"转换为动态面板"，设置参数，如图11-5所示。

　　①选中该动态面板，单击属性面板中的"固定到浏览器"。

　　②勾选"固定到浏览器窗口"，"水平固定"选择"左"，"垂直方向"选择"下"，"边距"均设置为0。

图11-5

05　因为3个页面均包含底部标签栏，所以要把动态面板转换为母版，命名为"底部标签栏"。

06　在"视频"和"我的"页面中应用"底部标签栏"母版。

下面制作单击菜单时打开对应的页面，当前菜单组合高亮显示的效果。

01　制作3个菜单组合中文字部分被选中时的交互样式，具体设置如图11-6所示。

　　①依次选中homeLabel、videoLabel和mineLabel，单击属性面板中的"选中"按钮，打开"交互样式设置"对话框。

　　②勾选"字体颜色"，设置为#D81E06。

图11-6

02 制作3个菜单组合中图标部分被选中时的交互样式，具体设置如图11-7所示。

①依次选中homeIcon、videoIcon和mineIcon，单击属性面板中的"选中"按钮，打开交互样式设置对话框。

②勾选"图片"，分别导入高亮状态的图片。

图11-7

提示 由于已经将菜单的图标和文字部分分别组合，所以无法同时选中每个菜单组合中的文字部分和图标部分，在步骤1和2中需要单独设置选中时交互样式。但此时还未给菜单组合整体设置过交互动作，所以也可以先把组合打散，设置交互样式后再组合。

03 创建一个全局变量，用来记录单击的菜单。选择菜单栏中的"项目>全局变量"命令，打开"全局变量"对话框，添加变量，命名为menu，设置默认值为"首页"，如图11-8所示。

图11-8

04 制作单击"首页"菜单组合时记录当前单击的菜单项，并跳转至首页的效果，具体设置如图11-9所示。

①选中"首页"组合，双击属性面板中的"鼠标单击时"事件，打开用例编辑器。

②添加"设置变量值"动作。

③在右侧的配置动作区域中勾选"menu"。

④选择"值"，输入"首页"。

⑤添加"打开链接"动作，设置为在当前窗口打开"首页"页面。

图11-9

05 制作打开首页后"首页"菜单组合中的图标和文字高亮显示的效果，具体设置如图11-10所示。

①选中"首页"组合，单击属性面板中的"更多事件>载入时"事件，打开用例编辑器。

②单击"添加条件"按钮，打开"条件设立"对话框。

③依次设置条件参数为变量值、menu、==、值、首页。

④添加"选中"动作。

⑤在右侧的配置动作区域中勾选"homeLabel（矩形）"和"homeIcon（图片）"。

图11-10

06 用同样的方法给"视频"菜单组合和"我的"菜单组合制作交互效果，用例列表如图11-11所示。

图11-11

07 3个菜单组合在同一时刻只能有一个处于被选中状态，所以给3个图标部分——homeIcon、videoIcon和mineIcon设置选项组名称"menuIcon"。给3个文字部分——homeLabel、videoLabel和mineLabel设置选项组名称"menuLabel"。

08 完成，按F5键在浏览器中预览效果，如图11-12所示。

图11-12

11.2.2 搜索联想

实现效果：单击搜索框，跳转至搜索页面，输入搜索关键词，显示与关键词相关的联想词，如图11-13所示。

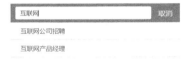

图11-13

首先按照效果图制作"首页"页面的顶部搜索区域。

01 打开"首页"页面，搜索框是使用矩形和文本框元件制作的，具体操作方法参考"2.2.7 课堂案例：自定义文本框样式"，此处不再详细描述操作步骤。

02 把整个搜索区域中的元件全部选中，转换为动态面板，单击属性面板中的"固定到浏览器"按钮，设置为固定在页面顶部，如图11-14所示。

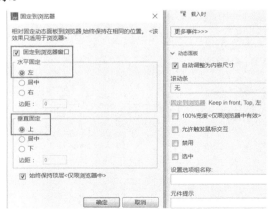

图11-14

按照效果图制作"搜索页"的内容，并制作搜索联想效果。

01 添加"首页"页面的子页面"搜索页"。

02 打开"搜索页"页面，按照效果图进行排版，将搜索框（原生文本框）命名为searchText。

03 拖入中继器元件，放至搜索区域下方，命名为data，作为联想词的词库。data中只需要一个矩形，命名为keyword，设置尺寸为375像素×40像素，左侧填充距离为22像素，字号为14号，如图11-15所示。

04 设置data中继器数据集的字段为keyword，添加数据，读者也可以按照自己的喜好添加，如图11-16所示。

图11-15 图11-16

05 把数据集的数据显示出来，如图11-17所示。

①选中"keyword"矩形，双击属性面板中的"每项加载时"事件，打开用例编辑器。

②添加"设置文本"动作。

③在右侧的配置动作区域中勾选"keyword（矩形）"。

④设置文本为"值"，输入"[[Item.keyword]]"。

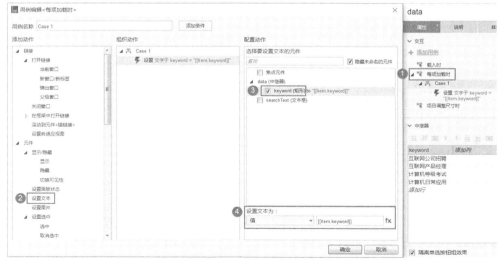

图11-17

06 隐藏联想词词库data中继器。

07 制作输入关键词时显示联想词的效果，具体设置如图11-18所示。

①选中searchText文本框，双击属性面板中的"文本改变时"事件，打开用例编辑器。

②单击"添加条件"按钮，打开"条件设立"对话框。。

③依次设置条件参数为元件文字、This、>、值和空。

④添加"添加筛选"动作。

⑤在右侧的配置动作区域中勾选"data（中继器）"。

⑥勾选"移除其他筛选"，设置名称为"搜索联想"。

⑦单击 fx 按钮，打开"编辑值"对话框。

⑧添加局部变量LVAR1，设置值为元件文字，选择This。

⑨输入"[[Item.keyword.substr(0,LVAR1.length)==LVAR1]]"。

⑩添加"显示"动作，显示data中继器。

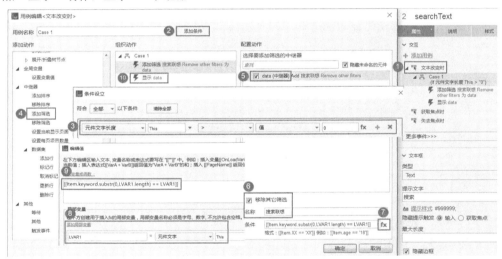

图11-18

提示
步骤7中使用的函数如下。

①字符串函数length：返回字符串的长度。

②字符串函数substr(start,length)：从文本中指定起始位置开始截取一定长度的字符串。

③中继器/数据集函数Item.keyword：中继器keyword列的值。

下面分析一下由这些函数组成的表达式。

①[[LVAR1.length]]：通过局部变量LVAR1获取文本框中的文字长度。

②[[Item.keyword.substr(0,LVAR1.length)]]：从keyword列中首个字符开始截取，截取长度为文本框中的文字长度。

③[[Item.keyword.substr(0,LVAR1.length)==LVAR1]]：筛选条件为"截取的字符串与文本框中的文字相同"，注意判等符号为两个等号。

08 制作当搜索框内容为空时隐藏联想词的效果，具体设置如图11-19所示。

①选中searchText文本框，双击属性面板中的"文本改变时"事件，打开用例编辑器。

②无须添加条件，直接添加"隐藏"动作。

③在右侧的配置动作区域中勾选"data（中继器）"。

图11-19

09 制作单击某个联想词时把该联想词自动填充至搜索框中的效果，具体设置如图11-20所示。

①双击data进入中继器的"项"，选中keyword矩形，双击属性面板中的"鼠标单击时"事件，打开用例编辑器。

②添加"设置文本"动作。

③在右侧的配置动作区域中勾选"searchText（文本框）"。

④设置文本为"元件文字"，选择"This"。

⑤添加"隐藏"动作，隐藏data中继器。

图11-20

10 制作打开"搜索页"后搜索框自动获取焦点的效果，具体设置如图11-21所示。

①单击设计区域的空白处，双击属性面板中的"页面载入时"事件，打开用例编辑器。

②添加"获取焦点"动作。

③在右侧的配置动作区域中勾选"searchText（文本框）"。

图11-21

11 单击"首页"的搜索框，跳转至搜索页面。打开"首页"页面，选中搜索框，双击属性面板中的"鼠标单击时"事件，添加"打开链接"动作，跳转至"搜索页"。

12 完成，按F5键在浏览器中预览效果，如图11-22所示。

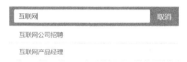

图11-22

11.2.3 上滑加载更多

实现效果：在首页的新闻列表中，默认显示4条新闻，向上滑动时新增一条新闻，如图11-23所示。

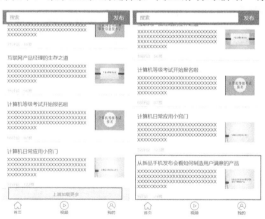

图11-23

首先进行首页新闻列表的排版。

01 拖入中继器元件，放至首页头部搜索区的下方，命名为newsList，用来显示新闻列表。为中继器的"项"排版，新闻标题命名为title，主图命名为image，评论数命名为comment，点赞数命名为like，如图11-24所示。

02 编辑中继器数据集，并把数据显示出来，数据集和用例动作列表如图11-25所示。

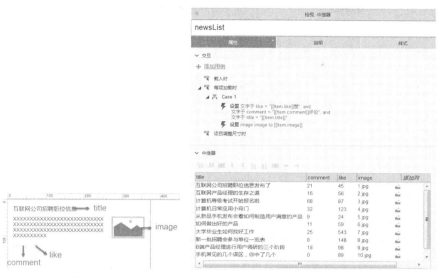

图11-24　　　　　　　　　　　　　　　图11-25

03　在样式面板中设置newsList中继器分页显示，每页显示4条，起始页码为1，如图11-26所示。

图11-26

04　使用矩形制作上滑提示，文本修改为"上滑加载更多"，尺寸为375像素×35像素，并转换为动态面板，命名为tip。

05　设置tip动态面板固定到浏览器中显示，如图11-27所示。

①选中tip动态面板，单击属性面板中的"固定到浏览器"按钮。

②勾选"固定到浏览器窗口"，水平固定选择左，边距设置为0；垂直固定选择下，边距设置为49。

③取消勾选"始终保持顶层<仅限浏览器中>"选项。

图11-27

提示　在步骤5中，因为首页的底部有一个高度为49像素的标签栏，上滑提示要在标签栏上面显示，所以tip动态面板的下边距为49像素。

06 把newsList中继器也转换为动态面板，命名为view。调整层级关系，使view动态面板显示在tip动态面板的上方，这样在浏览器中预览时，新闻列表将覆盖上滑提示文字，当页面底端继续上滑时，显示上滑提示文字。首页中各个区域的层级关系在"概要：页面"功能区中的显示如图11-28所示（默认设置下）。

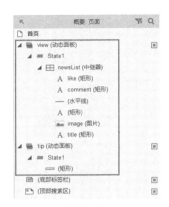

图11-28

制作上滑加载更多效果。

01 制作在向上滑动，显示出上滑提示文字后增加一条新闻的效果，具体设置如图11-29所示。

①选中view动态面板，双击属性面板中的"拖动时"事件，打开用例编辑器。

②单击"添加条件"按钮，依次设置条件参数为值、[[This.bottom]]、<=、值和[[Window.height-84]]。

③添加"移动"动作。

④在右侧的配置动作区域中勾选"当前元件"。

⑤设置为"垂直移动"。单击"添加边界"按钮，设置界限参数为底部、>=和[[Window.height-49]]。

⑥添加"设置每页项目数量"动作。

⑦在右侧的配置动作区域中勾选"newsList（中继器）"。

⑧单击 fx 按钮，打开"编辑值"对话框。

⑨添加局部变量LVAR1，设置值为元件，选择newsList。

⑩输入"[[LVAR1.visibleItemCount+1]]"。

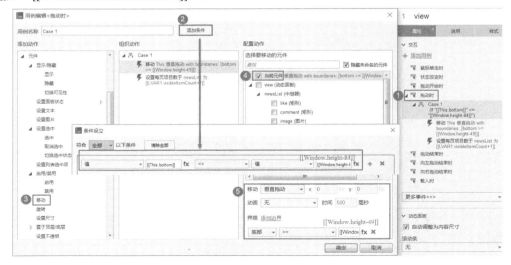

图11-29

> **提示**
>
> 步骤1中使用的函数如下。
>
> ①元件函数bottom：返回元件的下边界y轴坐标值。
>
> ②窗口函数Window.height：返回浏览器页面的高度。
>
> ③中继器/数据集函数visibleItemCount：返回中继器当前页中可见"项"的数量。
>
> 下面分析由这些函数组成的表达式。
>
> （1）当在新闻列表的底部继续向上滑动时，会显示上滑提示文字，此时新闻列表底部边界要高于上滑提示文字的顶部边界。
>
> ①[[This.bottom]]：获取新闻列表（view动态面板）下边界的y轴坐标，view动态面板就是当前对象。
>
> ②[[Window.height-84]]：获取上滑提示文字上边界的y轴坐标，用浏览器页面高度-底部标签栏高度49-上滑提示文字高度35。
>
> ③[[LVAR1.visibleItemCount+1]]：在当前中继器可见数据条数的基础上增加1。
>
> （2）垂直移动时，view动态面板不能无限制地向上移动。
>
> [[Window.height-49]]：view动态面板下边界y轴坐标的值最终要大于或等于浏览器窗口的高度-底部标签栏的高度49。

02 制作在未显示出上滑提示文字之前的滑动效果，具体设置如图11-30所示。

①选中view动态面板，双击属性面板中的"拖动时"事件，打开用例编辑器。

②无须添加条件，直接添加"移动"动作。

③在右侧的配置动作区域中勾选"当前元件"。

④设置为"垂直拖动"。

⑤单击"添加边界"按钮，设置界限参数为底部、<=和[[This.height+44]]。

图11-30

> **提示** 在步骤2中view动态面板不能无限制地向下移动。
>
> [[This.height+44]]：view动态面板下边界y轴坐标的值最终要小于或等于当前元件的高度+头部搜索区域高度44。

03 完成，按F5键在浏览器中预览效果，如图11-31所示。注意要拖动新闻列表区域，不是滚动页面。

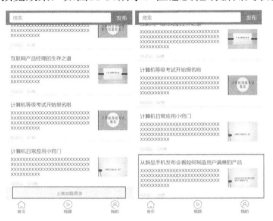

图11-31

11.3 商业案例：音乐App

素材位置　素材文件>CH11>商业案例：音乐App
实例位置　实例文件>CH11>商业案例：音乐App.rp
视频名称　11.3.1 启动页倒计时后跳转.mp4、11.3.2 包含状态指示器的banner广告.mp4、11.3.3 抽屉菜单.mp4
学习目标　制作音乐App的主要交互动作

本案例的最终效果如图11-32所示。

图11-32

11.3.1 启动页倒计时后跳转

实现效果：启动页加载后，显示5秒倒计时，倒计时结束后跳转至App首页，单击"跳过"按钮，可以直接跳转至App首页，如图11-33所示。

图11-33

首先为"启动页"排版。

01 添加两个页面，分别命名为"启动页"和"首页"。

02 打开"启动页"，导入一张图片作为主体内容，图片尺寸为375像素×647像素。

03 拖入按钮元件，放至页面左上角，文本修改为"跳过"，调整至合适尺寸。

04 拖入文本标签元件，覆盖在"跳过"按钮左侧部分上，文本修改为"5"，用来显示秒数，命名为seconds，如图11-34所示。

图11-34

提示 把seconds和"跳过"按钮分开的原因是可以直接读取当前的秒数，这样就不需要创建全局变量来保存时间了。

当然也可以只使用一个按钮来显示当前秒数和"跳过"文本，其制作方法与"4.3.3 课堂案例：获取验证码时的倒计时效果"类似，各位读者可以尝试不同的制作方法。

制作倒计时和页面跳转交互效果。

01 向设计区域中拖入动态面板元件，位置在背景图片范围之内即可，命名为timer，其作用是计时。给timer新增一个状态，使动态面板拥有两个状态，即State1和State2，无须给状态添加内容，如图11-35所示。

图11-35

02 制作打开页面后启动计时器的效果，具体设置如图11-36所示。

①单击设计区域的空白处，双击属性面板中的"页面载入时"事件，打开用例编辑器。

②添加"设置面板状态"动作。

③在右侧的配置动作区域中勾选"Set timer（动态面板）"。

④选择状态为Next，并勾选"向后循环"，勾选"循环间隔"，其数值保持默认的1000毫秒，勾选"首个状态延时1000毫秒后切换"。

图11-36

03 制作计时器启动后开始显示5秒倒计时的效果，具体设置如图11-37所示。

①选中timer动态面板，双击属性面板中的"状态改变时"事件，打开用例编辑器。

②单击"添加条件"按钮，打开"条件设立"对话框。

③依次设置条件参数为元件文字、seconds、>、值和0。

④添加"设置文本"动作。

⑤在右侧的配置动作区域中勾选"seconds（矩形）"。

⑥单击 fx 按钮，打开"编辑文本"对话框。

⑦添加局部变量LVAR1，设置值为元件文字选择seconds。

⑧输入"[[LVAR1-1]]"。

图11-37

04 制作当倒计时结束时（0秒时）跳转至App首页的效果，具体设置如图11-38所示。

①选中timer动态面板，双击属性面板中的"状态改变时"事件，打开用例编辑器。

②单击"添加条件"按钮，打开"条件设立"对话框。

③依次设置条件参数元件文字、seconds、==、值和0。

④添加"打开链接"动作。

⑤在右侧的配置动作区域中选择"首页"。

图11-38

05 制作单击"跳过"按钮时直接跳转至App首页的效果。选中"跳过"按钮，双击属性面板中的"鼠标单击时"事件，添加"打开链接"动作，设置为跳转至"首页"。

06 完成，按F5键在浏览器中预览效果，如图11-39所示。

图11-39

11.3.2 包含状态指示器的banner广告

实现效果：App首页打开后，banner广告位图片自动向后循环播放（共3张图片），在图片上左滑或右滑，可以手动切换至上一张或下一张图片，切换图片的同时状态指示器显示当前为第几张图片，如图11-40所示。

图11-40

01 进入"首页"，为了页面美观，先自行制作"首页"头部的导航和搜索区域，如图11-41所示。
　①使用Icon元件库中的图标制作菜单按钮，设置图标名称为"Bars"，也可以使用自己喜欢的菜单图标。
　②背景填充颜色#31C27C。
　③使用原生文本框和矩形制作搜索框，设置填充颜色为#2BAA6D。
　④使用Default元件库中的水平线和垂直线制作加号。

图11-41

02 导入第1张banner图片，放至首页顶部区域下方，尺寸为375像素×117像素，在图片上执行快捷菜单命令"转换为动态面板"，动态面板命名为banner。

03 给banner动态面板新增两个状态，分别导入第2张和第3张banner图片。

04 状态指示器也是一个动态面板，命名为pointer。使用椭圆形或矩形元件制作3个状态的内容，并把pointer动态面板放到banner动态面板的左下角，如图11-42所示。

图11-42

05 制作首页打开后自动向后循环播放广告位图片的效果，具体设置如图11-43所示。
　①选中banner动态面板，双击属性面板中的"载入时"事件，打开用例编辑器。
　②添加"设置面板状态"动作。
　③在右侧的配置动作区域中勾选"当前元件"。
　④选择状态为"Next"，勾选"向后循环"，勾选"循环间隔"并设置其数值为3000毫秒，勾选"首个状态延时3000毫秒后切换"。
　⑤选择进入动画和退出动画均为"向左滑动"，时间均设置为500毫秒。

图11-43

06 制作在循环播放广告位图片的同时改变指示器状态的效果，具体设置如图11-44所示。

①不要关闭用例编辑器，在"设置面板状态"的配置动作区域中勾选"Set pointer（动态面板）"。

②选择状态为"Next"，勾选"向后循环"，勾选"循环间隔"并设置其数值为3000毫秒"，勾选"首个状态延时3000毫秒后切换"，无须设置动画。

图11-44

07 制作在图片上向右滑动时切换至上一张图片的效果，具体设置如图11-45所示。

①选中banner动态面板，双击属性面板中的"向右拖动结束时"事件，打开用例编辑器。

②添加"设置面板状态"动作。

③在右侧的配置动作区域中勾选"Set当前元件"。

④选择状态为"Previous"，勾选"向前循环"。

⑤选择进入动画和退出动画均为"向右滑动"，时间均设置为500毫秒。

图11-45

08 制作在切换至上一张图片的同时改变指示器状态的效果，具体设置如图11-46所示。

①不要关闭用例编辑器，在"设置面板状态"的配置动作区域中勾选"Set pointer（动态面板）"。

②选择状态为Previous，勾选"向前循环"，无须设置动画。

图11-46

09 制作继续向后循环播放图片的效果。因为图片切换时有500毫秒的动画，而指示器在切换状态时没有动画，为了保证二者的状态同步，需要等待500毫秒。继续向后播放图片的动作与banner"载入时"事件的动作相同，如图11-47所示。

①不要关闭用例编辑器，添加"等待"动作，设置等待时间为500毫秒。

②添加"触发事件"动作。

③在右侧的配置动作区域中勾选"当前元件"。

④勾选"载入时"。

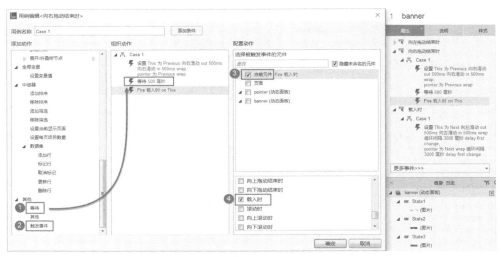

图11-47

10 制作在图片上向左滑动时切换至下一张图片的效果，其原理与步骤7~步骤9相同，此处不再赘述，用例列表如图11-48所示。

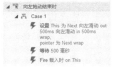

图11-48

11 完成，按F5键在浏览器中预览效果，如图11-49所示。

图11-49

11.3.3 抽屉菜单

实现效果：在App首页中向右滑动，左侧菜单以抽屉的形式滑出；向左滑动，左侧菜单以抽屉的形式收起；单击页面左上角的菜单图标，同样可以实现左侧菜单的滑出/收起效果，如图11-50所示。

图11-50

首先对App首页的页面主体和左侧菜单进行排版，如图11-51所示。

01 拖入动态面板，放至首页的设计区域空白处，尺寸为375像素×647像素，命名为body，不要勾选"自动调整为内容尺寸"选项（默认即未勾选状态）。

02 把之前做好的首页头部和banner广告位剪切至body动态面板的State1中，并丰富State1中页面主体的内容，将页面主体相关的所有元件组合并命名为home。

03 在body动态面板的State1中制作左侧菜单的内容，菜单的宽度为320像素。把左侧菜单相关的所有元件组合并命名为menu，设置menu的位置为(-320，0)，因为x轴坐标为负数，所以此时在设计区域中看不到menu组合。

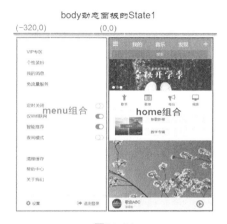

图11-51

04 此时回到"首页"设计区域，移动body动态面板至位置(0,0)。

制作抽屉菜单的滑出、收起效果。

01 选择菜单栏中的"项目>全局变量"命令，打开全局变量对话框，创建全局变量menuState，用来保存当前菜单的状态，设置默认值为"收起"，代表菜单为收起状态，如图11-52所示。当值变为"划出"时，代表菜单为滑出状态。

图11-52

02 制作向右滑动页面时菜单从左侧向右滑出，同时页面主体部分随菜单向右移动的效果，具体设置如图11-53所示。

①选中body动态面板，双击属性面板中的"向右拖动结束时"事件，打开用例编辑器。

②单击"添加条件"按钮，打开"条件设立"对话框。

③依次设置条件参数为变量值、menuState、==、值和收起。

④添加"移动"动作。

⑤依次选中"menu（组合）"和"home（组合）"。

⑥menu和home均选择相对位置，设置x坐标为320，y坐标为0，动画为"线性"，时间为500毫秒。

⑦添加"设置变量值"动作，把menuState的值设置为"划出"。

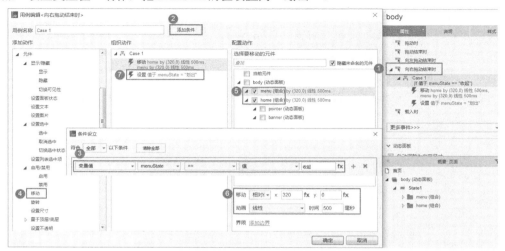

图11-53

03 制作向左滑动页面时菜单收起，同时页面主体部分随菜单恢复至初始位置的效果，具体设置如图11-54所示。

①选中body动态面板，双击属性面板中的"向左拖动结束时"事件，打开用例编辑器。

②单击添加条件按钮，打开"条件设立"对话框。

③依次设置条件参数为变量值、menuState、==、值和划出。

④添加"移动"动作。

⑤依次选中"menu（组合）"和"home（组合）"。

⑥menu和home均选择相对位置设置x坐标为-320，y坐标为0，动画为"线性"，时间为500毫秒。

⑦添加"设置变量值"动作，把menuState的值设置为"收起"。

图11-54

04 制作单击左上角的菜单按钮时菜单从左侧向右滑出，页面主体部分随菜单向右移动的效果，具体设置如图11-55所示。

①进入body动态面板的State1，选中左上角的菜单图标，双击属性面板中的"鼠标单击时"事件，打开用例编辑器。

②单击添加条件按钮，打开"条件设立"对话框。

③依次设置条件参数为变量值、menuState、==、值和收起。

④添加"触发事件"动作。

⑤在右侧的配置动作区域中勾选"body（动态面板）"。

⑥选择"向右拖动结束时"。

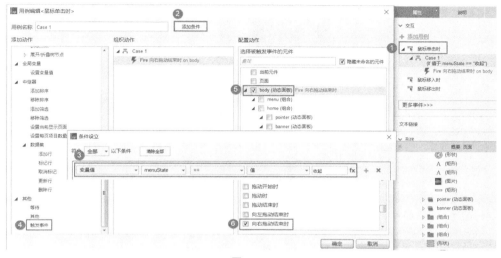

图11-55

05 制作再次单击菜单按钮时菜单收起，同时页面主体部分随菜单恢复至初始位置的效果，具体设置如图11-56所示。

①选中左上角的菜单图标，双击属性面板中的"鼠标单击时"事件，打开用例编辑器。

②单击添加条件按钮，打开"条件设立"对话框。

③依次设置条件参数为变量值、menuState、==、值和划出。

④添加"触发事件"动作。

⑤在右侧的配置动作区域中勾选"body（动态面板）"。

⑥选择"向左拖动结束时"。

图11-56

06 完成，按F5键在浏览器中预览效果，如图11-57所示。

图11-57

提示 　本案例直接组合了页面的主体部分（home）和菜单部分（menu），然后在交互动作中关联这两个组合，这样在body动态面板的State1中可以直接看到涉及交互的元件和组合，页面的层级关系比较少，可以让读者少受其他内容的干扰，更好地理解案例核心"抽屉菜单"的交互动作。

　　但在实际应用中，页面的内容一定会被不断地修改，而经过一段时间的学习和实训后应该有所体会，编辑组合里的元件在操作上相对麻烦，如果把组合打散，已经做好的交互效果就会失效。这时可以在body动态面板的State1中再嵌套两个动态面板，分别用来显示页面主体和菜单部分，如图11-58所示，然后在交互动作中关联这两个动态面板，这样在后期修改页面时，只要分别进入两个动态面板的State1即可，操作体验和在普通页面中一样，唯一的缺点就是由于动态面板的嵌套导致页面层级变得有些复杂，但在熟练掌握操作之后，就瑕不掩瑜了。

图11-58

11.4　课后习题：制作新闻App的视频和个人中心页面

素材位置	素材文件>CH11>商业案例：新闻App
实例位置	实例文件>CH11>商业案例：新闻App.rp
视频名称	课后习题：制作新闻App的视频和个人中心页面.mp4
学习目标	制作新闻App的视频和个人中心页面

　　在"11.2 商业案例：新闻App"的基础上完善新闻App的视频页面和个人中心页面，如图11-59所示。

　　（1）视频页面的主体部分使用中继器制作，顶部搜索区域和底部标签栏固定在浏览器中。

　　（2）个人中心页面的操作列表部分使用中继器制作，其他区域制作方法无要求。

图11-59